# 來塊餅。

## 加餅不加價

發麵、燙麵、異國點心

趙柏淯 著

【徜徉麵食世界的第一選擇】
大江南北中西麵食食譜，在家自己做，省錢又方便！

【加餅不加價‧好評再現！】
深受讀者好評，特別再加上麵食新作，內容更豐富，
錯過最可惜！

# 序

# 麵食世界裡的平價樂趣。

接觸烹飪十多年來，由中菜、烘焙起家的我，對麵食的喜愛程度也不少，我尤愛富有嚼勁的麵點、造型變化多端的饅頭，及令人一吃上癮的油皮油酥點心。

為了讓自己的烹飪生涯中留下紀念，為了給上過我的麵食課程的學生們日後複習的資料，更為了給廣大的、對麵食文化有興趣的讀者許多正確的知識；我用心地把自己多年來對中外麵食的知識彙整出來，製作出一道道的食譜，並蒐集出一個個麵食背後的故事及緣由；於是從最簡單的冷水調製麵食——《趙柏淯的私房麵料理》出發，接著整理出熱水調製的麵餅、發酵麵食及油酥油皮類點心，於是本書——《來塊餅》應運而生；期間也應出版社及讀者要求，推出《趙柏淯的招牌飯料理》，並輔導學生就業。

在構想這幾本書時，我參閱了許多大陸內地及國內的麵食書籍，保留了傳統道地的做法，並加以改良式以符合現代人的需求，讓新生代讀者可以接受的方法呈現出「正港」的口感，材料都以方便購得為主、技巧上盡量以家庭DIY可以克服的手法來達成。

本書的最大特色在於：苦口婆心，將各類麵食的製作原理及注意事項不厭其煩的一一叮述給讀者。因為多年的教學經驗，我知道學生們的盲點、常忽略的技巧和失敗出錯處，所以仔細的整理出各個重點，按部就班的拍攝出步驟圖；相信即使不曾做過麵食的讀者，也可以參照圖文，製作出成功率80%的成品。

最後僅以本書獻給我摯愛的學生們以及尚未謀面的、喜愛各種麵點的讀者，希望透由本書，讓大家愛上麵點，為平淡的生活中，增添一些動手做麵食的樂趣。

趙柏淯謹序

## 加餅不加價版好評上市

《來塊餅》於2003年出版之後深受讀者喜愛，其間也再版多次，唯時代變遷，近年來大家提倡清淡低油口味，為因應時代需求，朱雀文化再度推出「加餅不加價」版，除了增加4道現在最流行的麵餅外，並於原本的調味上略做調整，以更符合現代人之健康需求。唯每一個人喜愛的口味不一，本書的調味內容謹供參考，讀者可就自己喜愛的鹹甜口感再略做調整。

CONTENTS

加餅不加價
4道最新流行熱賣麵點

+ 112 宜蘭蔥肉餅
113 炸蛋蔥油餅
114 奶油酥餅
115 爆漿饅頭

CONTENTS

目　錄

2　序 / 麵食世界裡的平價樂趣

6　工具材料集合

10　餅的烹調方式——蒸、烙、煎、炸、烤

11　燙麵製作

　■燙麵產品製作流程圖

　■燙麵成功的關鍵

　■生麵糰的保存

　■燙麵成品的庫存

15　油酥油皮製作

　■油酥油皮類產品製作流程圖

　■油酥油皮成功的關鍵

　■老師的最後叮嚀：多花些時間試試

17　發麵製作

　■基本發酵法：新鮮酵母、活 乾酵母、快速酵母、老麵

　■發麵產品製作流程圖

　■發麵成功的關鍵

　■老師的最後叮嚀：「蒸」的不簡單

來 塊 餅

## 燙麵家族

| 27 | 花素蒸餃 |
| --- | --- |
| 27 | 蝦仁燒賣 |
| 29 | 鍋貼 |
| 29 | 煎餃 |
| 31 | 豬肉餡餅 |
| 33 | 韭菜盒 |
| 35 | 荷葉餅 |
| 35 | 蛋餅 |
| 37 | 大餅包小餅 |
| 39 | 豆腐卷 |
| 39 | 豆沙鍋餅 |
| 41 | 蔥油餅 |
| 41 | 阿嬤ㄟ古早蔥油餅 |
| 43 | 酥烤蔥仔餅 |
| 44 | 牛肉卷餅 |
| 45 | 斤餅 |
| 47 | 北京炒餅 |

| 49 | 天津烙餅 |
| --- | --- |
| 49 | 蔥抓餅 |
| 51 | 芝麻燒餅 |
| 53 | 蟹殼黃 |
| 54 | 牛舌餅 |
| 55 | 蘿蔔絲酥餅 |
| 56 | 蛋黃酥 |
| 57 | 咖哩餃 |
| 59 | 蜜汁叉燒酥 |

## 發麵家族

| 63 | 狗不理包子 |
| --- | --- |
| 65 | 菜肉包子 |
| 65 | 豆沙包 |
| 66 | 水煎包 |
| 67 | 上海生煎包 |
| 69 | 小籠包 |
| 71 | 蟹黃湯包 |

CONTENTS

| | |
|---|---|
| 73 | 銀絲卷 |
| 73 | 花卷 |
| 75 | 胡椒餅 |
| 77 | 發麵燒餅 |
| 79 | 香酥素燒餅 |
| 79 | 芝麻醬燒餅 |
| 81 | 蔥脂燒餅 |
| 81 | 甜燒餅 |
| 82 | 烤蔥花卷餅 |
| 83 | 千層糕 |
| 84 | 酒釀餅 |
| 85 | 鹹（甜）光餅 |
| 87 | 刈包 |
| 89 | 叉燒包 |
| 89 | 奶黃包 |
| 91 | 彩色饅頭（蔬菜、綠茶、紅糖、白饅頭） |
| 92 | 營養饅頭（全麥、雜糧、胚芽） |
| 93 | 花式饅頭（地瓜、芋頭、山藥） |

## 異國風味及點心

| | |
|---|---|
| 97 | 貝果 |
| 99 | 披薩 |
| 100 | 口袋麵包 |
| 101 | 墨西哥薄餅 |
| 103 | 印度Q餅 |
| 104 | 俄國包子 |
| 105 | 菲律賓麵包 |
| 107 | 比司吉 |
| 109 | 芝麻球 |
| 109 | 開口笑 |
| 110 | 雙胞胎 |
| 111 | 桃酥 |

# 《工具材料集合》

認識製作麵餅的工具和材料，就是做出成功好吃的麵食的第一步！
這裡介紹最重要的道具、食材和基本常識，別省略不看喔！

麵粉：麵粉又叫小麥粉，是經由小麥研磨加工而成的產品，為製作中式麵食的主要原料，可以提供人體日常所需的能源與營養素，台灣的小麥大部份向美國購買，也有自加拿大、澳洲進口。

麵粉內含有特殊的蛋白質，與水混合再經由攪拌或搓揉後，即會產生具有黏彈性的麵筋，而這些麵筋保住了在發酵與熟製時產生的氣體，使產品體積得以膨大。一般麵粉大致以蛋白質含量的高低分為：

特高筋麵粉：蛋白質含量13.5%，筋性大，因此適合用來製作需筋度高的食物，如油條、麵筋、高級麵包。

高筋麵粉：蛋白質含量11.5%，粒子較粗，適合製作較有彈性的食品，如春捲皮、麵包，又稱麵包麵粉，日本人稱為強力粉。

中筋粉心麵粉：蛋白質含量10.5%，適合製作包子、饅頭、中式點心、麵條；在雜糧行或包子饅頭店均可買到。

中筋麵粉：蛋白質含量8.5%，適合製作中式麵食、點心、西式點心，日本人稱為中力粉；韌性較中筋粉心麵粉弱一些。

低筋麵粉：蛋白質含量6.5%，適合製作鬆軟的蛋糕、西點、餅乾，又稱為蛋糕麵粉，日本人稱為薄力粉。

■手粉：搓揉麵糰時，可撒些麵粉於工作檯上以免麵糰沾黏在手上及檯面上，整形好的產品，底部也可沾些麵粉防沾黏於檯面上，此階段使用的麵粉俗稱手粉。

全麥麵粉：亦稱營養麵粉，在白麵粉內摻入一些麩皮，麩皮又稱為麥麩，即小麥的外皮，所以稱為全麥麵粉；麩皮含有高量的蛋白質，豐富的維生素 B 群與纖維，常用於製作全麥饅頭、包子、麵條、麵包上。

澄粉：即小麥澱粉，又稱做澄麵、汀粉，是麵粉經過搓洗後所留下的沈澱物，將水份濾掉、烘乾而得的，粉質細白而沒有筋性，多用於廣式點心如蝦餃、粉果等。

麵粉

胚芽：是小麥的胚芽，故又稱麥芽，含有豐富的維他命Ｅ，使用前要先烤過或炒過，否則胚芽內所含的酵素會破壞麵糰的麵筋，常用於製作胚芽饅頭、包子、麵條、麵包等。

全麥麵粉

酵母（粉）：一般市面上常見的酵母有新鮮酵母、活性乾酵母、速溶乾酵母等三種，各有其特色，可依產品所需的口感、特性及製作方式不同而選用。

澄粉

麵食所使用的酵母是一種單細胞的微生物，它吸收麵糰內的營養進行繁殖、呼吸作用而產生酒精、二氧化碳、水、熱及其他有機物。包子、饅頭、麵包、甜甜圈等產品鬆軟可口，同時又具有特殊風味，就是加入酵母經發酵的，酵母會使產品體積膨脹，所以它是一種膨大劑。

胚芽

■新鮮酵母（fresh yeast），以蠟紙包裝的長方形塊狀，容易溶解；直接加入麵粉內使用，產品會比較有發酵的特殊香味。貯存於2～7℃的環境中可保存3～4週，盡量避免暴露於空氣中，於冰箱冷藏室取出置於室溫一段時間後，發酵活力即減弱不宜使用了。

新鮮酵母

■活性乾酵母（active dry yeast），外形為細小圓顆粒狀，是去除新鮮酵母中的水份，以低溫乾燥而製成。由於酵母在此乾燥環境中呈休眠狀態，因此在使用前，必須先溶於溫水內（約40～43℃）、溫水量約酵母的4～5倍，放置10～15分鐘，讓酵母「甦醒」、恢復原來新鮮狀態時的活力，溫水內需加入一點點糖供給酵母養份，維持生命與繁殖。開封後未用完的酵母貯存於密閉容器中再置於冰箱，可保存1年。

活性乾酵母

■快速酵母（instant dry yeast），又稱為速溶乾酵母，外形更細小幾近粉末狀，濃縮乾燥的，可直接加入麵粉內與水一起攪

速溶乾酵母

泡打粉

蘇打粉

阿摩尼亞

鹼

燒明礬

板油

拌，很快就可溶解，不需像活性乾酵母般需溶於溫水加糖呈液體狀靜置等待甦醒，開封後未用完的酵母貯存於密閉容器中再置於冰箱，可保存1年。

泡打粉：又叫發粉、發泡粉，是由蘇打粉配上一些可食用的酸性材料及填充劑等而成的白色混合粉，屬化學膨大劑的一種，遇水與高溫時產生二氧化碳會使產品膨大，組織鬆軟，適用於蛋糕、餅乾、小西餅、開口笑等產品，不需經由發酵即可有膨大、鬆軟的效果。

蘇打粉：又稱小蘇打，是一種鹼性鹽，白色粉末狀易溶於水，屬於會使產品膨脹的化學膨大劑。較常用於餅乾類及製作巧克力蛋糕、魔鬼蛋糕，可使巧克力的顏色較深較好看。

阿摩尼亞：是一種化學膨大劑，為白色結晶狀有很重的氨臭味，故又稱臭粉，易溶於水，受熱分解為氨、二氧化碳和水，多用於製作油條、沙琪瑪、桃酥、叉燒包等中式麵食產品。

鹼：為白色粉末狀，廣泛運用在包子、饅頭等發酵麵食上，可中和發酵產品的酸味，並使產品顏色較白，風味良好，如加入製作麵條的麵糰裡，可以增加麵條的強韌。使用前將鹼粉溶解於水中，製作包子饅頭所需的鹼水比例一般為1：4，即以25g.的鹼粉溶於100g.的冷（熱）水內。

燒明礬：為酸性的原料，灰色的細粉狀，溶解於水可增強麵糰的筋度與潔白，與蘇打粉或鹼粉混和加入麵糰內，會使產品體積膨大、鬆軟，可在一般藥局或化工原料行購得，材料行則有賣礬粉。

板油：即專炸豬油用的肥肉，為豬的脂肪層，比一般的肥肉（即與豬皮連接的肥肉）炸出更多的肥油，可在傳統市場買到，每斤約20～25元；多添加於甜的豆沙餡內，製作成油酥類產品，風味香且酥。

發酵桶：桶子的大小以家庭式的製作量來選擇，以直徑20cm的高桶子為宜，桶子的高度必須高出麵糰的3～4倍，如果桶子太淺，麵糰膨脹會溢出來；桶子的口徑太寬，麵糰無法攀附桶子邊緣而膨脹，發酵就容易失敗。

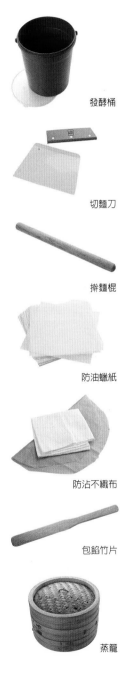

發酵桶

　　切麵刀：有塑膠及不鏽鋼兩種材質，可切割麵皮、刮除工作檯上的乾硬麵皮，有些麵糰不適宜拌揉時，也可用切麵刀拌合或剁合（如製作比司吉或西式派皮），不鏽鋼的材質可耐用10年以上，每個約30～35元。

切麵刀

　　擀麵棍：有木製及鐵與不鏽鋼混和的材質，木質的較好用；因木頭有彈性，且不會太重。製作中式麵糰少不了攪和麵糰和擀皮包餡，一般的擀麵棍直徑約2.5cm、長約30cm，超市及五金行都買得到，每個約25～30元。常做麵食的人可多準備1支直徑約3～4cm、長80～90cm的，要在烘焙材料行或蒸籠店才買的到。

擀麵棍

　　防油蠟紙：為象牙白色、帶有亮度光滑感的紙張，烘焙材料行有賣，大小不等、已經裁切成圓形或方形的防油蠟紙，也有賣一大張自己回家裁的，價格依數量多寡60～120元不等。

防油蠟紙

　　防沾不織布：為耐熱的塑膠布，蒸烤食物時墊在底部代替傳統紗布，可防止麵皮沾黏；每次用完都要以濕布清水擦拭，可重複使用，不可用清潔劑洗，每卷約130～160元，約可裁成3份。

防沾不織布

　　包餡竹片：竹片為包餡時不可省略的工具，用湯匙包餡較不順手，每支約15～20元，竹製品容易潮濕、發霉、龜裂，耗損快，另有不鏽鋼材質，每支約30～35元，應可耐用30年吧！

包餡竹片

　　蒸籠：有竹編與不鏽鋼、鋁質等材質，竹蒸籠最好，蒸出來的成品會多出一份香氣，但價格較貴、不好買，且容易長霉、保存不易。現在大部份家庭都用不鏽鋼蒸籠，但不鏽鋼蒸籠的缺點是蒸籠蓋無法吸收蒸煮過程中的水蒸氣，影響成品。可在食物和蒸籠蓋間鋪上一層乾紗布吸水，再蓋上蒸籠蓋壓平布，使布不至壓到食物。

蒸籠

# 《餅的烹調方式》

蒸：即指利用蒸籠內的蒸氣來傳導熱，使產品熟成，如發麵類的包子、饅頭或燒賣、蒸餃等。蒸鍋內約放入3～4成的水量，水煮至沸騰後，將整型好的麵糰放入蒸籠，蓋緊籠蓋、小心控制火候、時間計算正確、蒸籠內放置的食物間要留適當的距離，尤其發麵的麵食在蒸時還會膨脹；切記，產品未蒸熟前不能打開蒸籠蓋「偷看」。

烙：將生的製品放入熱好的平底鍋內，鍋具大部分是用金屬製造的，利用金屬傳導熱量，將食物熟製，鍋內只需加入一層薄薄的油（比煎炸的油量少）。餅類的麵食多數用烙的，較薄的餅所需時間短，火力可稍大；厚實的餅火力宜稍小些，時間則必須延長。

煎：煎是將平底鍋燒熱放入油，讓油均勻佈滿鍋底，待油熱才將食物放入鍋中，利用油及金屬的傳熱將食物煎到一定程度後翻面，直到兩面都煎熟且呈金黃色取出。一般不需要蓋鍋蓋，但有些食物如水煎包、鍋貼除了用油煎外還要加入一些麵粉水一起煎，那就要蓋鍋蓋直到水乾煎熟才能掀蓋，要使食物色澤均勻美麗，火候要隨時適當調整，加入的油及水量要適量。

炸：炸所需要的油量較多，必須蓋過食物，利用油的熱度熟成；油量多，油溫較穩定，炸出來的成品效果佳。炸製的油溫高低與時間都需要注意，產品如果較易膨脹需以較高溫炸，如果為含餡厚實的，則油溫宜較低，至於炸的時間長短依食物的特性大小而定。總之油炸是利用油傳熱使產品內的水份汽化光，水份沒有了，成品就會酥、鬆、香脆了。

烤：又稱烘烤，是利用烤箱內的高溫產生的熱空氣與產品內釋放出的水蒸氣兩者互相交流而使食物熟成，適合於燒餅、酥油皮類的麵食。烤比煎、炸等稍難些，爐溫與時間要小心掌握，才能烤出表皮金黃、色澤均一、口感酥鬆的成品。烤箱上火下火的溫度需配合食物的大小厚薄調整，體積大而厚的食物溫度宜低而烤焙時間長，反之，薄而小的食物需高溫短時烘焙；溫度過高則成品外表焦黑口感乾、脆、硬；溫度過低則著色不均勻、不美觀、內部不熟，或不夠酥鬆，且每台烤箱的溫度需要經多次的測試才能了解其性能，烤出完美的好成品。

# 《 燙麵製作 》

什麼是燙麵？

　　水與麵粉調製而成的麵糰總稱為水調麵，如依加入水溫的高低不同，可分為冷水麵、溫水麵、燙麵與全燙麵。冷水麵即為常溫下的水與麵粉和製而成的，如麵條類，麵糰比較結實（請參考《一碗麵》）；溫水麵為用60～70℃的水溫調和製成的麵糰，有適當的筋性與可塑性，適合蒸類的製品，如小籠湯包、蒸餃、燒賣等；燙麵為100℃的沸水和一部分冷水調和製成的麵糰，筋性差、韌性和拉力差，但可塑性佳，產品不易變形，適合煎烙或烤炸類的製品，如蔥油餅、蛋餅、芝麻燒餅等，以及蒸類的製品如蒸餃、燒賣等。全燙麵則為全部都用100℃沸水調製成的麵糰，一般以澄粉為主要原料，製成的產品常見於廣式點心，如蝦餃、粉果。

　　舉凡產品的特性具有酥、鬆、軟，且帶些嚼勁的口感，如蒸餃、燒賣、蔥油餅、燒餅等，均是使用燙麵的方法製成的。由於燙麵是加入沸水與冷水製成的，沸水佔大半、冷水扮演調節的角色，故燙麵又稱為半燙麵。坊間小館也常用溫水的手法製作燙麵產品，你也可以依照個人製作的便利性及口感，運用熱水（65～75℃）或溫水（45～50℃）來製作，但水量要控制好、醒的時間要延長些。

燙麵家族

　　燙麵家族的麵食變化相當多，製成品也非常豐富，包括

　　■單皮小組：直接將燙好的麵糰擀成薄圓皮狀包餡，如韭菜盒、餡餅等；或將麵

皮烙熟直接包入熟餡料食用，如包北平烤鴨的荷葉餅；或生皮生餡蒸熟，如蒸餃、燒賣等。

　　■油餅小組：如蔥油餅、烙餅等，在麵皮上抹一層豬油或沙拉油、奶油，經過折疊或多次擀折製成的各式多層次油餅，以煎或烙熟，手法雖相似，但一個變化又是一種新產品且口感亦少許不同。

　　■油酥餅小組：如芝麻燒餅、解殼黃、胡椒餅等，以燙麵或發麵包入油酥，經過擀折及整形放入烤箱內熟製的多層次烤餅。

## 為何要燙麵

　　麵粉內的蛋白質遇水即形成麵筋，筋性強的麵糰，如以蒸、煎、烙、炸、烤來製作，口感會既韌且又脆又硬；若加入溫度較高的水來製成，則麵筋因受熱後筋性減弱，口感即獲得改善。此外麵粉內的澱粉遇熱水後會糊化，麵糰就會膨脹、柔軟。總之，燙麵即利用熱水降低麵糰的筋性、糊化澱粉以產生膨脹性的原理，並加入部份冷水來調整麵糰的軟硬度，捏塑成各式各樣美觀的形狀及製作出酥、鬆、脆，略帶嚼勁的口感。

## 燙麵產品製作流程圖

　　攪拌（合麵）→搓揉→鬆弛（醒）→分割→整型→熟製

**1.** 將麵粉倒入鋼盆內，先倒入沸水，再加入冷水攪拌（圖1）。

**2.** 隨即用擀麵棍迅速攪拌成糰（圖2）。

**3.** 攪拌好的麵糰表面粗糙（圖3），將麵糰放置在工作檯上準備揉。

**4.** 如果麵糰需要加入油脂，可在此時加入（圖4）。

**5.** 以雙掌用力將麵糰揉至光滑，約揉300下（3～5分鐘），使麵糰光滑細緻（圖5）。

**6.** 放置一旁鬆弛，蓋上微濕的布以防表面結皮（圖6）。

**7.** 分割為小麵糰，擀成圓皮包餡或整形為各式的餅類（圖7）。

**8.** 以烙、煎、炸、烤、蒸等方式熟成。

圖1　圖2　圖3　圖4
圖5　圖6　圖7

## 燙麵成功的關鍵

■攪拌：燙麵的攪拌程序一定要正確，放入沸水緊接著就倒入冷水，切記不能顛倒，因為沸水才能降低麵筋及糊化澱粉，兩種水加入後以擀麵棍來攪拌（因為麵糰相當燙），攪拌至盆底沒有乾粉，將麵糰取出放在工作檯上搓揉至光滑；中間如果手痠了，但麵糰尚未光滑可以將麵糰放置一旁蓋上濕布醒一下再揉。各廠牌的麵粉吸水量不一，揉麵時如果太濕黏，可分次酌加麵粉，太乾時則分次酌加冷水（不可加熱水）。

■醒（鬆弛）：不論任何種類麵糰經過搓揉後一定要放置一旁「醒」，亦叫鬆弛，目的要使每顆粒的麵粉充分均勻的吸足水份與降低麵糰的溫度，麵糰醒過後就變得相當柔軟，就可以分割整形。通常鬆弛的時間10～30分鐘不等，視產品與氣溫而定；鬆弛時麵糰要蓋上濕布或套上保鮮膜、塑膠袋，以防表面結皮。

■分割：將鬆弛過的麵糰分割成小麵糰，分割前將麵糰輕輕搓揉成條狀，再分成所需之份量；因麵糰軟硬度不同，有的要用刀切，有的則以手扯開即可。分割的麵糰大小要一致，若麵皮會沾黏工作檯要適時撒上一層手粉。

**■整形**：分割完的麵糰，都要經過整形的手續，成品才會有漂亮的外觀；包餡的麵糰要先擀壓至薄皮，再包入各種不同的餡料，以手捏、搓、折等方法收口。

## 生麵糰的保存

　　燙好的麵糰如果無法馬上製作，或沒有做完的剩餘麵糰，不論冬天、夏天都要以塑膠袋或保鮮膜將麵糰密封放入冰箱冷藏，約可保存3天（放上層冷凍則品質會較差一些）。麵糰長時間在低溫下還會繼續鬆弛，所以會比剛燙好的麵糰濕、黏、軟，取出使用時必須要將麵糰退冰回到常溫，稍加些乾麵粉搓揉至光滑再醒過，才能分割、整形、包餡、熟製。

## 燙麵成品的庫存

　　本書所介紹的燙麵產品有的要現做現吃，有的可以整形好或包餡後放入冰箱冷凍，食用時不需解凍直接放入鍋內熟製；而有的熟製好放入冷藏或冷凍，要食用時再解凍回鍋加熱或微波。

　　麵食現做現吃口感風味最佳，經過冷藏冷凍回鍋的口感當然會扣分，市面上隨處可買到冷凍麵食相當便利，但口感還是差了一截，目前大街小巷也都有販賣現做的產品，消費者當然喜歡選擇現做熱騰騰的，所以麵食小館或小攤總是人潮不斷。

　　現將產品就其特性適合現做現吃，生品冷藏或冷凍、熟品回鍋等大約分類：

　　**■現做現吃的產品**：蒸餃、燒賣、大餅包小餅、斤餅、阿嬤古早蔥油餅等。

　　**■熟製後冷藏或冷凍**：豆沙鍋餅、荷葉餅、蛋餅、烙餅、燴餅、油酥類餅等（以上產品回鍋加熱時必須在食物的表面上噴一些水，補充因冷凍、冷藏所流失的水份，否則成品變得脆硬、口感減分）。

　　**■整形包餡後直接冷凍**：韭菜盒、餡餅、豆腐卷、蔥油餅、酥烤蔥油餅、蛋餅等。

# 《 油酥油皮製作 》

　　中式麵食裡的蛋黃酥、蘿蔔絲酥餅、綠豆凸、菊花酥、太陽餅等產品均是運用水油皮包入油酥製成麵糰，經過多次擀、捲、折等手法包入餡料製成，再放入烤箱或以油炸方式熟製而成，這類成品的變化很多，加入不同餡料，或在整型方面做個變化又是一項產品。

## 油酥油皮類的製成原理

　　1.油皮（又稱油酥皮、水油皮）內麵粉與水結合形成的筋性、韌性可保留氣體，使產品體積得以膨鬆，與油混合，使水油皮具備潤滑與酥脆等特性。

　　2.油酥（又稱酥皮、油心）是由麵粉和油拌製而成的麵糰，其內麵粉與油的膠黏性結合在一起，形成油酥麵糰，麵糰中的油遇熱後水份蒸發掉，剩下鬆軟而酥的麵粉顆粒。油酥很軟，可塑性強，經過熟製後會有酥性。

　　3.油皮包入油酥經過擀、捲、折等手續，遇熱後水油皮內的水份蒸發了，體積就膨脹，產生一層層的薄皮，每層薄皮間夾著油酥，油酥遇熱後，麵粉顆粒形成間隙，使油酥皮的產品在熟製後有明晰的層次，一層鬆酥脆（水油皮）、一層酥（油酥），這樣的口感，沒有人能不被誘惑。

## 油酥油皮類產品製作流程圖

　　**1.** 油皮製作：麵粉加油、水，混和、攪拌成糰（圖1）。

　　**2.** 揉成光滑的麵糰，蓋上濕布醒20～30分鐘（圖2）。

　　**3.** 油酥製作：麵粉加油（圖3），因為沒有加入水份，所以不需太多搓揉，只要輕輕拌和成糰即可，蓋上濕布或套入塑膠袋內。

　　**4.** 油酥、油皮各分割成小麵糰，每個油皮包入油酥，收口成麵球狀（圖4）。

　　**5.** 以手掌稍微將麵球壓扁，將擀麵棍放在麵皮中間，往上擀薄；再將擀麵棍放回麵皮中間，往下擀薄；就會擀成橢圓形狀的薄麵皮（圖5）。【第一次擀】

【第一次擀】

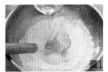  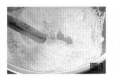  

【第一次捲】

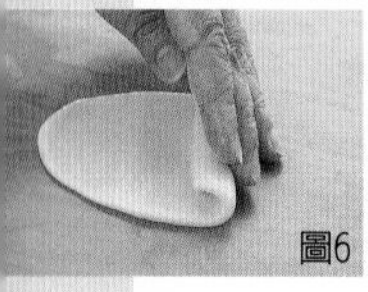

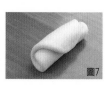
圖6

圖7

【第二次擀】
圖8

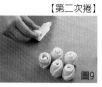
【第二次捲】
圖9

圖10

圖11

6. 將橢圓形麵皮捲起（圖6），成長條狀麵糰（圖7）。【第一次捲】

7. 以擀麵棍上下擀長（圖8），再捲起（圖9）成圓柱形（圖10）。【第二次擀】【第二次捲】

8. 一個個排好，蓋上濕布醒20～30分鐘（圖11）。

9. 將圓柱形麵糰擀成厚度適中的圓或長麵皮，包入各式餡料，以烤或炸熟製，即為油酥類點心。

## 油酥油皮成功的關鍵

■成分：油酥與油皮兩者的軟硬度要相當，若油皮太硬、油酥太軟，油皮容易破皮；如果油皮太軟、油酥太硬，兩者不易黏合、油酥無法均勻分散，則空隙大、層次粗糙。至於油皮應包入多少油酥，並沒有固定的比例，需視產品的需要；油酥成分多，麵皮較酥但不能成片，油皮成分多則麵皮脆硬，層次少而不明顯。

■醒：在擀、捲、折的過程中，每個動作都不能馬虎，一步步按照順序製作，醒的時間要足夠，且蓋上濕布以防麵皮（麵糰）乾硬結皮。

■油脂：使用的油脂會影響口感，以液體油製作，麵皮較脆硬、層次較少、厚、碎，無法製成理想的大片狀。以奶油、酥油、白油等固體油脂製作，口感不錯，但以豬油製作的油酥餅最美味；因豬油油性好、延展性強，製作出的麵皮片狀大且薄，層次多、酥鬆性強，體積也較大、色澤潔白。

■爐溫：烤爐溫度的高低與時間長短需視產品的大小、厚薄及數量、表面裝飾材料而定，一般溫度以180～200℃、時間為15～30分鐘內不等。

## 老師的最後叮嚀：多花些時間試試

油酥與油皮製作不難，只要依照步驟，確實注意以上4個關鍵點，就會成功。坊間油酥皮的產品口感變化很多，油皮內的麵粉有以高低筋麵粉混合來取代中筋麵粉，有的以液體油取代油脂，而油酥、油皮的比例，擀、捲、折的次數多寡以及包酥功夫的細緻與否，在在都能左右油酥類成品的成績，建議你多花些時間試試。

# 《 發麵製作 》

## 什麼是發麵？

　　發麵麵食的麵皮口感鬆軟富彈性，具有發酵的特殊香味，外表體積大，組織膨鬆且內部有細小的孔洞。依發酵程度的不同而有各種不同的成品，如包子、饅頭、花卷、叉燒包、水煎包、刈包等。

　　發酵的基本材料為麵粉、水、酵母，三者混合均勻揉成的麵糰，在適當的溫度下且經過一段時間，麵糰組織變得鬆軟，內部充滿二氧化碳氣體，致使體積膨脹為原來的2～3倍，這種過程即稱為「發酵」，經發酵作用的麵糰即稱為「發麵」或「發麵糰」。

## 為何要發酵

　　因麵粉內含有蛋白質、澱粉、糖類等營養物質，澱粉、糖類分別與水結合，在適當的溫度與條件下分解為葡萄糖和果糖，而酵母為了維持它的生命與繁殖，吸收了這些葡萄糖、果糖，於是進行呼吸作用，迅速將葡萄糖、果糖再分解，最後釋出二氧化碳、水、酒精、熱及一些有機物。麵粉內的蛋白質與水結合產生了麵筋，麵筋可保住發酵所產生的二氧化碳氣體，麵糰就會膨脹、柔軟、體積增大，經整形、熟製後，口感鬆軟富彈性，具有發酵的香味，所以發麵類的產品必須經過如此的發酵過程。

## 基本發酵法

### ■新鮮酵母：

1. 將新鮮酵母劑剝成小塊狀。

2. 直接放入麵粉內加水，攪和，揉至光滑，放入發酵桶發酵。

### ■活性乾酵母：

1. 碗內舀入1/2小匙細砂糖及50～60g.溫水（約50℃）稍為攪拌使糖溶解。

2. 加入適量的酵母於碗內（溫水量約酵母的4～5倍），用小匙輕輕攪勻，使所有的酵母均溶解於溫水內（糖水溫度要維持在40～43℃）。

3. 將碗放置溫暖處10～15分鐘，靜待酵母甦醒。若酵母溶解且浮出水面成弧狀，表示酵母復甦了，反之則酵母活力過期。

4. 將溶解好的酵母倒入麵粉，加水攪和，揉至光滑，放入發酵桶發酵。

### ■快速酵母：

1. 直接將快速酵母倒入麵粉內，加水攪和，揉至光滑，蓋上濕布發酵15～20分鐘。

■老麵

1. 製作老麵種：將中筋麵粉300g.、快速酵母4.5g.、水210g.、糖18g.拌勻揉至光滑，放入發酵桶內發酵8小時以上，讓麵糰內部產生足夠的酵母菌，即成為老麵糰。

2. 將老麵糰加入麵粉、水混和，揉至光滑，放入發酵桶發酵。

3. 各式酵母均可製作老麵，其用量比例如下：新鮮酵母用量為麵粉的3％、乾酵母用量為麵粉的2％、快速酵母用量為麵粉的1.5％。

 →  →

老麵種製作重點

1.老麵又稱麵種，可以代替酵母來製作發麵產品；使用老麵種製作的口感及風味遠勝於以一般酵母製作的麵食。專業麵食店都會特別培養「老麵」作為發酵的原料，有麵糰麵種與液體麵種兩種。由老麵做出來的麵食才是「正宗」的風味，膨脹性好、彈性大而不黏牙，散發出特殊的麵香味。

2.麵糰如果發酵過頭，會產生一股衝鼻的酸味與酒精味，且麵糰濕黏沒有膨脹性，無法製作產品，此即為老師傅常說的「麵糰發老了」（「老」之意指超過時間），此時的麵糰只好留做「老麵」用了；如果發酵稍微過頭，可加入一些鹼水中和，否則蒸出來的成品表皮會微黃、口感帶酸。

3.鹼水的添加量視麵糰的酸味而定，以100g.開水對25g.鹼粉的比例（即4：1），慢慢攪拌至鹼粉溶解。加鹼水後麵糰要充分揉均勻，可取一小塊生麵糰含在嘴裡，覺得微甜即可；若偏酸表示鹼水放得不夠，有鹼味苦澀則鹼水加過量，可將麵糰放置一旁醒20～30分鐘來補救。鹼水的添加量全靠經驗累積，做久了就知道精髓；要用不完的鹼水可放入玻璃罐密封保存。

發麵產品製作流程圖

■使用新鮮酵母、活性乾酵母、老麵等方式發酵，製作過程均相同。

攪拌→基本發酵→揉麵→醒麵（中間發酵）→分割、整形→最後發酵→蒸→出爐

1. 攪拌：將麵粉加水與酵母（或老麵）揉成均勻而光滑的麵糰（圖1）。

2. 準備一個塑膠或不銹鋼桶子，底部及內側邊緣均抹上一層薄薄的固體油（圖2）（如果使用液體油時，必需拿餐巾紙沾一些油再塗抹）。

3. 基本發酵：麵糰放入桶子內（圖3），蓋上蓋子進行第一次發酵。室溫以28～30℃的環境為宜（冬天時也要製造出這樣的溫度環境），發酵的時間依產品所需的發酵程度不一，其發酵時間約0.5～2小時不等。

4. 發酵約1小時後，麵糰脹至發酵桶一半高度（圖4），如以食指在麵糰上搓個洞，麵糰內的二氧化碳氣體隨即釋出來，介入新的空氣刺激發酵，雖然是一個小小的動作（亦稱「翻麵」），但是會使麵糰發酵更好、更香。

5. 經過2小時麵糰發酵完成了，此時麵糰膨脹到原來體積的2～3倍大，表面乾燥（圖5）。馬上聞到一股濃濃的酒精味。

6. 再以食指在麵糰上搓個洞，手指印的凹洞沒有彈回來（圖6），且麵糰慢慢下陷。

7. 揉麵：抓起麵糰，其內部組織充滿了氣體與大小不一的孔洞，如蜘蛛網狀般（圖7）。

8. 在工作檯上撒一層乾麵粉，放上發酵好的麵糰。雙手沾上麵粉將麵糰搓揉3～5分鐘（圖8），讓舊氣體流出，再重新產生新的氣體，使麵糰組織細緻，外表光滑柔軟更富彈性。

圖1 圖2 圖3 圖4 圖5 圖6

9. 醒麵：經過搓揉後的麵糰，內部氣體流失，麵糰柔軟度降低，要放置工作檯上蓋上微濕的布醒10～15分鐘（圖9），使重新產生氣體，讓麵糰回軟（冬天時間稍為增加些）。

10. 切割、整形：將大麵糰分割為小麵糰（圖10），擀圓包餡或折疊切塊整成漂亮的形狀。

11. 最後發酵：麵糰經過了切割、整型、包餡等動作，麵糰內部的氣體又再次流失了，所以必須又放置一段時間（即「醒」），使其「充氣」，才會蒸出好的成品（圖11）。先在蒸籠內墊上一塊擰乾的濕紗布，放入整形好的包子或饅頭，蓋上一層濕紗布或蓋子進行最後發酵；所需的時間要視產品的大小、種類、麵皮厚薄而定，大約5～30分鐘不等。

12. 蒸：蒸籠內加入1/2鍋的水煮沸，水要在沸騰的狀態下，才能將「最後發酵」完成的產品放上蒸。

13. 出爐：產品蒸好了，要在第一時間迅速將蒸籠移離火爐，放置於工作檯上，打開蒸籠，雙手將蒸籠倒扣，掀起產品底部的紗布，再一一將成品裝盤。

■使用快速酵母發酵流程較簡單

攪拌→基本發酵→分割、整形→最後發酵→蒸→出爐（少了一次「醒麵、中間發酵」的過程，比其他發酵法省時）

1. 將速溶乾酵母倒入麵粉內，加水攪和揉至光滑。

2. 放入不銹鋼盆內或塑膠桶內，蓋上微濕的紗布、發酵15～20分鐘。

3. 經過15～20分鐘後，麵糰即可成小麵糰，整形或包餡。

4. 最後發酵時間約15～40分鐘不等，因速溶乾酵母的基本發酵時間短，氣體產生不夠，所以最後發酵的時間要稍長。

圖7　圖8　圖9　圖10　圖11

發麵成功的關鍵

（針對使用新鮮酵母、活性乾酵母、老麵等方式發酵的成品）

■發酵：又稱為基本發酵或第一次發酵，攪拌好麵糰要經過一段時間的發酵才能製作出鬆軟的麵食，發酵的時間依產品所需的發酵程度不一，其發酵時間約0.5～2小時不等。

■揉麵：麵糰經過基本發酵後內部充滿了氣體有大小不一的孔洞，再將其搓揉3～5分鐘（視麵糰大小調整時間），讓舊氣體流出，再重新產生新的氣體，目的使麵糰組織細緻，外表光滑柔軟更富彈性。

■醒麵：又稱為鬆弛或中間發酵、第二次發酵，經過搓揉後的麵糰，受到壓擠的力量，內部氣體流失，麵糰柔軟度降低，而變得強韌，一定要放置10～15分鐘，使重新產生氣體，讓麵糰回軟才能進行下一步的分割、整形的階段。

■分割、整形：將中間發酵後的大麵糰分成所需之大小麵糰，擀圓包餡或摺疊切塊整成漂亮的形狀。

■再發酵：又稱為最後發酵，麵糰經過了切割、整型、包餡等動作，麵糰內部的氣體又再次流失了，所以必須又放置一段時間，使其「充氣」再放入蒸籠蒸，才會蒸出鬆軟的好成品。成品組織的鬆軟程度、體積的大小、外表的細緻光滑和最後發酵有很大的關係，所以最後發酵時間的判斷非常重要，其所需的時間亦因產品不同，體積大小不一，大約10～30分鐘不等。如果最後發酵掌控不當，前面所有的努力工作全部報廢，要多練習累積經驗才能掌控的好。

■蒸：發麵類的產品要經過蒸的熟製方式才能吃，需要多少時間才算蒸好，全依產品的特性、體積大小、火力大小、產品數量、麵皮的厚薄等等來決定，亦是靠練習、經驗來判斷，蒸也是發麵產品製作程序中的最後一道手續，同時也非常重要，如果時間，火力沒有掌握好，前面所有辛勞都將付諸流水，要多練習用心去了解每個動作、細節，並做紀錄、檢討，這道程序也就不難了。

■出爐：產品蒸好，時間一到即馬上熄火，迅速將蒸籠1移離火爐，2放置工作檯上，3打開蒸籠蓋子，4雙手將蒸籠倒扣，5掀起產品底部的紗布，6再一一將成品裝盤。

老師的最後叮嚀：「蒸」的不簡單

　　發麵食品入蒸籠「蒸」的技巧學問大，要多練習，經驗足才能掌控的好，否則在最後出爐的時候，產品整個變樣了，真是功虧一簣，挫折極大，不再想玩麵粉了。

　　墊在蒸籠底部的紗布一定要浸濕透再擰乾，紗布不能太薄又不能太厚，如果太薄在蒸包子的過程中，紗布很容易被蒸籠內的蒸氣蒸乾，待包子蒸好出爐時，包子就會沾黏在紗布上掉不下來；而如果用手扯下來，則包子底部會破皮甚至漏餡；紗布太厚，在蒸包子的過程中吸入太多的水氣，以致布太濕，出爐時，因為包子底部太濕黏亦會破皮，且包子不夠挺立。為省去紗布厚薄的問題，可在包子底部墊張防黏油紙最方便，但饅頭產品還是墊紗布為宜。

　　紗布每蒸完一次要泡水洗淨，擰乾再使用。

　　家庭自製的發麵食品數量較少，蒸籠尺寸、瓦斯爐的火力與專業生產大不相同。

　　1.如蒸籠內放置5〜6個產品，只要以中小火蒸即可（蒸雙層則火力調整為中火，蒸三層以上時火力即調整至大火。）。

　　2.蒸8〜15個以中火蒸，若雙層則為大火（此處所謂的大火要控制到火苗延燒至蒸籠底部的邊緣，不能讓火苗竄跑出來燒至蒸籠的外圍）。

　　3.爐火的控制要隨蒸籠的大小及產品數量的多寡而做調整，不能一昧認為蒸包子、饅頭一定要用大火蒸，殊不知蒸發麵的食品，如火力太小或太大，產品出爐都會縮皺。

　　4.雖然每樣產品的體積大小、外觀樣式、及蒸籠內放置的數量不同，但蒸的時間大約都在8〜15分鐘範圍內即可出爐。

　　5.金屬製的蒸籠不易吸水，在蒸時需多蓋上一條乾紗布以吸收多餘的水氣，否則水氣滴流在成品表面，會造成塌陷濕黏。

　　●DIY做出的包子與專業用手工或機器生產的，當然會有些差異，業者為了延長產品的鮮度和賣相好看，以及配合機器大量生產帶來麵糰上的損耗，都必須添加一些食品添加劑，如改良劑、乳化劑等，所以產品較潔白、柔軟、彈性好、組織細綿、表皮不容易乾硬。讀者不要氣餒，自己DIY做出來的產品，口感不差、又新鮮、衛生、營養、愛心、樂趣、成就通通有，外觀醜一些些又何妨呢？

# 燙麵家族

製 餅 秘 笈

★ 麵皮內加入沙拉油可使蒸好的餃子皮較有亮度、不乾躁，
　並有少許透明的感覺；餡料隱約透出來非常好看。
★ 蒸餃的餡料亦可用豬肉、蝦仁、牛肉等，此處的花素有雞
　蛋和蝦米，並非「純素」餡料。
★ 如果沒有專業的小竹籠，可放在盤子上入炒鍋內隔水蒸，
　但盤子要先抹上一層薄油。

製 餅 秘 笈

★ 所謂「燒賣」就是燒好了就賣的意思，燒賣宜趁熱吃，冷了風味口感遜色很多。
★ 麵糰內加入少許澄粉、沙拉油，目的使麵皮透明並有亮度、不易乾硬；蒸餃皮與燒賣皮可以合用。
★ 澄粉在台北的南門市場或大型烘焙材料行有販賣。

# 花素蒸餃 （成品：約30個）
（成本：每個約3元）

**麵皮：**
中筋麵粉400g.、沸水200g.、冷水80g.、沙拉油20g.

**餡料：**
青江菜300g.、冬粉1把、蝦米30g.、香菇6～8朵、豆腐1個、雞蛋3個

**調味料：**
鹽1/2大匙、麻油1/2大匙、淡色醬油1/2大匙、糖1小匙、胡椒粉1小匙

## 做法》

**1** 麵粉放入不鏽鋼盆內，倒入沸水、冷水攪拌成糰，加入沙拉油揉至光滑，蓋上濕布醒15～20分鐘（燙麵麵糰的詳細製作過程請參照P.12）。

**2** 麵糰分割為每個重20g.，擀成中間厚旁邊薄、直徑約8cm寬的圓麵皮（圖1），包入餡料後馬上放入蒸籠（蒸鍋內的水要沸騰）（圖2），以大火蒸6～8分鐘即可。

**餡料：**

**1** 青江菜洗淨，汆燙後撈起瀝乾水份切碎。

**2** 冬粉放入溫水內泡軟切碎，蝦米、香菇泡水至軟，切碎；放入炒鍋以少許油炒香。

**3** 豆腐切丁，汆燙後撈起瀝乾水份；雞蛋打散炒熟備用。

**4** 冬粉、蝦米、豆腐、蛋和香菇加入調味料拌勻，最後加入青江菜碎拌勻。

---

# 蝦仁燒賣 （成品：約30個）
（成本：每個約10元）

**麵皮：**
中筋麵粉340g.、澄粉60g.、沸水200g.、冷水80g.、沙拉油20g.

**餡料：**
蝦仁200g.、絞肉300g.、新鮮筍1個、蔥末60g.、薑汁60g.

**調味料：**
鹽1/2大匙、淡色醬油1/2大匙、麻油1/2大匙、糖1小匙、胡椒粉1小匙

## 做法》

**1** 麵粉、澄粉過篩，放入不鏽鋼盆內，倒入沸水、冷水攪拌成糰，加入沙拉油揉至光滑，蓋上濕布醒15～20分鐘（燙麵麵糰的詳細製作過程請參照P.12）。

**2** 麵糰分割為每個重20g.，擀成中間厚旁邊薄、直徑約8cm寬的圓麵皮，麵皮放在虎口上包入餡料、鋪平（圖1），可放上一粒青豆仁裝飾；馬上放入蒸籠（蒸鍋內的水要沸騰）（圖2），以大火蒸6～8分鐘即可。

**餡料：**

**1** 蝦仁洗淨去腸泥，加少許鹽及太白粉拌抓後洗淨，瀝乾水份切丁備用。

**2** 筍子去皮切對半，蒸熟後切丁。

**3** 絞肉、蝦仁、蔥末、薑汁加入調味料攪拌均勻，最後再放入筍丁拌勻。

# 鍋貼
（成品：約30個）
（成本：每個約3元）

**麵皮**：中筋麵粉500g.、沸水250g.、冷水100g.
**餡料**：高麗菜200g.、絞肉450g.、蔥末50g.、薑汁80g.
**調味料**：鹽1/2大匙、糖1小匙、淡色醬油1大匙、麻油1/2大匙、胡椒粉1小匙
**麵粉水**：1碗（比例為麵粉1：水9）

## 做法》

1 麵粉放入不鏽鋼盆內，倒入沸水、冷水攪拌成糰，揉至光滑，蓋上濕布醒15～20分鐘（燙麵麵糰的詳細製作過程請參照P.12）。

2 麵糰分割每個重25g.，擀成中間厚旁邊薄、直徑約8cm寬的圓麵皮，包餡（圖1）。

3 將麵皮對折黏緊，放在桌上，左右稍微拉長、兩端口壓平不留縫隙（圖2）。

4 平底鍋放入油（將鍋子晃動使鍋面都附著一層油），油熱放入鍋貼，整齊排好（圖3），稍煎1分鐘，加入麵粉水（水量約鍋貼的1/2高），蓋鍋以中火煎約8分鐘取出裝盤，底部朝上。

餡料：

1 高麗菜洗淨切碎備用。

2 將絞肉、蔥末、薑汁、調味料一起拌勻後，加入1/3碗清水繼續拌至肉有黏性，放進冰箱冷藏保鮮，要包餡時再加入高麗菜拌勻。

# 煎餃
（成品：約30個）
（成本：每個約3元）

## 做法》

1 煎餃與鍋貼的麵皮做法相同，但形狀為餃子狀；放入餡料，將麵皮的一邊打3、4折（圖1），與另一邊黏合即成。餡料隨各人口味調配，切記蔬菜類擠乾水份後，要在包餡時才混入肉餡內。

2 平底鍋放入油（將鍋子晃動使鍋面都附著一層油），油熱放入煎餃，整齊排好（圖2），稍煎1分鐘，加入麵粉水（水量約煎餃的1/2高），蓋鍋以中火煎約8分鐘取出裝盤，底部朝上。

### 製餅秘笈

★ 高麗菜最後拌入的目的，是要避免高麗菜脫水致餡料濕黏。

★ 現成的水餃皮口感比燙麵皮製作的稍為強韌些，路邊攤賣的煎餃就是用現成的水餃皮，沒有入麵粉水煎，所以較無酥脆感，皮冷了變硬不好吃。

★ 鍋貼內餡的蔬菜若比肉多時，要先將蔬菜以鹽醃漬，使菜變軟，擠乾水份再使用。

# 豬肉餡餅 （成品：約15個）<br>（成本：每個約7元）

**麵皮：**
中筋麵粉500g.、沸水250g.、冷水100g.

**餡料：**
絞肉600g.、蔥末80g.、薑汁80g.、高湯1/2碗

**調味料：**
鹽1/2大匙、麻油1/2大匙、淡色醬油1大匙、胡椒粉1小匙

## 做法》

1 麵粉放入不鏽鋼盆內，倒入沸水、冷水攪拌
  成糰，揉至光滑，蓋上濕布醒15～20分鐘
  （燙麵麵糰的詳細製作過程請參照P.12）。

2 麵糰分割為每個重50g.，擀成中間厚旁邊
  薄、直徑約10cm寬的圓麵皮（圖1），包餡
  （圖2），收口朝下放入平底鍋，以中小火、
  薄油烙至稍有鼓起、上色，換面至熟（圖
  3）。

**餡料：**

1 將絞肉、蔥末、薑汁與調味料攪拌均勻。

2 放入1/2碗高湯或清水（分兩次加入），再攪
  拌至肉有黏性即可（攪拌時手勢要同一方
  向）。

## 製餅秘笈

★ 自製高湯：湯鍋放入豬骨頭300g.（圖4），加入3碗清水煮沸撈出，以冷水將附著於骨頭上的血膜沖洗乾淨，再放回鍋內
   加入4碗清水以小火熬煮（圖5）1小時，約可剩1 1/2碗湯（圖6）。

★ 品嘗餡餅時要小心，別燙到了嘴；第一口先咬一個小洞將肉餡的汁倒入湯匙內，慢慢享受其鮮濃的肉汁。所以調肉餡時
   加入高湯，餡餅的湯汁會更鮮美。

# 韭菜盒 （成品：約10個）
（成本：每個約5元）

**麵皮：**
中筋麵粉500g.、沸水250g.、冷水100g.

**餡料：**
韭菜300g.、粉絲2把、雞蛋3個、蝦皮30g、豆干8片

**調味料：**
鹽1/2大匙、淡色醬油1/2大匙、麻油1/2大匙、胡椒粉1小匙

## 做法 》

1 麵粉放入不鏽鋼盆內，倒入沸水、冷水攪拌成糰，揉至光滑，蓋上濕布醒15～20分鐘（燙麵麵糰的詳細製作過程請參照P.12）。

2 麵糰分割為每個重80g.，中間厚旁邊薄、直徑約12～15㎝寬的圓麵皮（圖1），放入餡料、對折（圖2）。

3 以切麵刀或盤子切除多餘麵皮（圖3），放入平底鍋以中小火、薄油烙至兩面均稍有鼓起、上色即熟成（圖4）。

**餡料：**

1 韭菜洗淨瀝乾後切碎，蝦皮洗淨擠乾水份，豆干切小丁狀。

2 粉絲泡溫水至軟，瀝乾水份，切成1㎝小段；蛋打散待用。

3 炒鍋內放入2大匙油，油熱倒入蛋汁炒熟，以鍋鏟切碎盛出；原鍋加1大匙油，放入豆干丁、1/2大匙醬油炒熟盛出。

4 利用鍋內剩餘的油將蝦皮炒至乾備用。

5 將粉絲、蝦皮、蛋、豆干丁及調味料混合，要包餡時再將韭菜加入拌勻。

## 製餅秘笈

★ 蝦皮以薄油炒乾的目的在去腥、提香，不喜蝦皮者，也可改放豆干、豆皮等。

★ 韭菜與鹽混合就會脫水、與醬油混合則會變黑，風味便流失了，所以要在最後包餡時才拌入。

# 荷葉餅 （成品：10～12張）
（成本：每個約1.5元）

**麵皮：**
中筋麵粉500g.、沸水250g.、冷水100g.

## 做法》

1 麵粉放入不鏽鋼盆內，倒入沸水、冷水攪拌成糰，揉至光滑，蓋上濕布醒15～20分鐘（燙麵麵糰的詳細製作過程請參照P.12）。

2 麵糰分割為每個重70g.，將兩個麵糰重疊，中間刷上一層沙拉油（圖1）、撒上麵粉，兩個一起擀成約0.5cm厚麵皮（圖2），放入平底鍋（不加油）以小火烙至兩面都鼓起即熟了，趁熱將兩片麵皮剝開（圖3），包入各種餡料食用。

### 製 餅 秘 笈

★ 荷葉餅皮放久會變硬，可放入電鍋或蒸籠內稍微蒸一下回軟。
★ 坊間小館內包烤鴨及合菜的麵皮就是荷葉餅。

---

# 蛋餅 （成品：10～12張）
（成本：每個約3.5元）

**麵皮：**
中筋麵粉500g.、沸水250g.、冷水100g.、沙拉油50g.、鹽10g.
**餡料：**
蛋10～12個、蔥末60g.、鹽10g.

## 做法》

1 鹽先溶解於冷水內，麵粉放入不鏽鋼盆內，倒入沸水、冷水攪拌成糰，加入沙拉油揉至光滑，蓋上濕布醒15～20分鐘（燙麵麵糰的詳細製作過程請參照P.12）。

2 將麵糰分割為每個重80g.，擀成0.5cm厚的圓皮狀（工作檯上抹上少許沙拉油，以防麵皮沾黏）。

3 平底鍋內抹上一層沙拉油，放入麵皮，以小火兩面烙熟取出。

4 蛋打散，加入鹽、蔥末拌勻，放入平底鍋內煎至半熟，舖上餅皮翻面（圖1），見餅皮鼓起以鍋鏟捲起（圖2）盛出切段食用。

### 製 餅 秘 笈

★ 想吃得營養些，可以350g.中筋麵粉加150g.全麥麵粉來做麵皮；烙熟後，包入苜蓿芽、萵苣、胡蘿蔔絲、蘋果、紫色高麗菜等蔬果食用。
★ 蛋餅是百吃不膩的麵食早餐，製作簡單快速，烙熟的餅皮用塑膠袋包好放冷藏可存放3～5天。
★ 外頭早餐店賣的餅皮太薄且份量不多，往往要吃兩、三個才夠飽，不如自己動手做，省點小錢！

# 大餅包小餅 （成品：約6個）（成本：每個約5元）

**大餅：**

中筋麵粉450g.、太白粉50g.、沸水275g.、冷水125g.

**小餅：**

高筋麵粉100g.、低筋麵粉100g.、布丁粉30g.、蘇打粉4g.、泡打粉4g.、糖50g.、全蛋1個、水80g.

## 做法》

**大餅：**

1. 麵粉、太白粉過篩放入不鏽鋼盆內，倒入沸水、冷水攪拌成糰，揉至光滑，蓋上濕布醒15～20分鐘（燙麵麵糰的詳細製作過程請參照P.12）。

2. 將麵糰分割為每個重150g.，擀成0.3cm厚的圓皮狀（圖1），平底鍋內抹上一層薄油，將麵皮放入以小火烙熟（圖2），因麵皮薄所以要很快翻面烙另一面。

**小餅：**

1. 蘇打粉溶解於水中，全部材料混合揉成糰，放置醒約30分鐘。

2. 將麵糰擀成0.3cm厚的圓皮狀，切成4×6cm的長方形狀麵皮（圖3），放入油鍋以中火炸至成金黃色後撈出。

3. 冷卻後壓碎包入大餅中食用（圖4）。

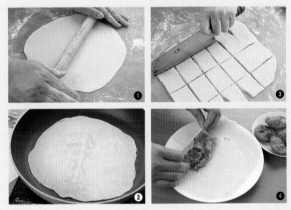

## 製餅秘笈

★ 士林觀光夜市「大餅包小餅」已有三十幾年的歷史，這個產品常讓消費者好奇：是什麼「大餅」包什麼「小餅」？到夜市觀光的老外更是納悶，其實大餅包小餅就是以一張大的薄麵餅包入炸得酥脆的小圓餅，讓咬入口中的餅兒有脆也有軟、有麵粉香又有酥油味；新奇又好吃，這就是「大餅包小餅」成功的秘訣。

★ 布丁粉的英文名字為 (custard powder)，也叫做卡士達粉，在烘焙材料行有賣，為白色粉末但泡水後就呈現黃色，炸東西時加一點較容易上色；吃素的朋友可以用它來代替蛋使用，所以也有人叫「蛋黃粉」。在西點上是製作克林姆醬的原料之一。

## 製餅秘笈

★ 豆腐卷是非常普遍的家
常麵食，營養好吃又有
飽足感，配上一碗湯就
可當一頓正餐。

★ 在麵皮中加入沙拉油，
可滋潤麵皮使煎好的成
品更酥香。

★ 坊間也有蒸食的吃法，
較清爽。

# 豆腐卷 （成品： 4～5個）
（成本：每個約9元）

**麵皮：**
中筋麵粉500g.、沸水250g.、冷水100g.、沙拉油20g.

**餡料：**
豆腐3塊、蝦皮50g.、蔥末80g.

**調味料：**
鹽1小匙、淡色醬油1/2大匙、麻油1大匙、胡椒粉1/2大匙

## 做法》

1 麵粉放入不鏽鋼盆內，倒入沸水、冷水攪拌成糰，加入沙拉油揉至光滑，蓋上濕布醒15～20分鐘（燙麵麵糰的詳細製作過程請參照P.12）。

2 將麵糰分割為每個重180g.，擀成0.5cm厚的長方形麵皮，餡料撒在中間（圖1），摺入一邊的麵皮再撒上餡料（圖2），放入抹了一層薄油的平底鍋內，灑少許水於麵皮上，以中火煎至兩面焦黃，切塊趁熱吃。

**餡料：**

1 豆腐切丁放入沸水汆燙，取出瀝乾水份，蝦皮洗淨、瀝乾水份，放入鍋中不加油炒乾。

2 蝦皮、調味料、蔥末拌勻，包餡前再加入豆腐丁。

---

# 豆沙鍋餅 （成品：約7個）
（成本：每個約8元）

**麵皮：**
中筋麵粉500g.、沸水250g.、冷水100g.

**餡料：**
紅豆餡600g.

## 做法》

1 麵粉放入不鏽鋼盆內，倒入沸水、冷水攪拌成糰，揉至光滑，蓋上濕布醒15～20分鐘（燙麵麵糰的詳細製作過程請參照P.12）。

2 麵糰分割為每個重120g.，擀成長方形狀厚約0.5cm的麵皮，舖上一層紅豆餡（圖1），左右兩邊的麵皮稍重疊黏緊（圖2），再將上下麵皮壓緊包好，修整齊麵皮邊緣，放進平底鍋以小火、薄油烙至兩面微黃即可起鍋切塊食用。

製餅秘笈

★ 鍋餅當飯後甜點最恰當不過，品嘗時別讓豆沙餡燙到了嘴。

★ 可依各人口味選擇棗泥、花生、鳳梨等餡料，也可以韭菜、粉絲調成的餡料製作鹹鍋餅。

# 蔥油餅 （成品：約6張）
（成本：每個約4元）

**麵皮：**
中筋麵粉500g.、沸水250g.、冷水100g.

**餡料：**
蔥末100g.、豬油60g.、胡椒鹽25g.

## 做法》

1 麵粉放入不鏽鋼盆內，倒入沸水、冷水攪拌成糰，揉至光滑，蓋上濕布醒15～20分鐘（燙麵麵糰的詳細製作過程請參照P.12）。

2 將麵糰分割為每個重100g.，擀成0.5cm厚的圓皮狀，刷上一層豬油（圖1），撒下胡椒鹽、蔥末，捲起（圖2），盤繞成螺旋狀（圖3），放置一旁醒20～30分鐘。

3 將醒好的麵糰用手掌壓至0.8cm厚。

4 平底鍋加入薄油，搖晃鍋子，讓油佈滿整個鍋面，將麵餅放入鍋內，以小火慢慢烙至兩面金黃色酥鬆即成。

### 製餅秘笈

★ 這是傳統北方麵食小館製作的蔥油餅，加豬油是因為豬油的油性好、軟、酥、鬆，即使冷了餅皮也不會變得太乾硬。

★ 烙蔥油餅要有耐心，隨時注意鍋內的油量適時酌加，如此整張餅皮顏色均勻，酥、鬆、軟適中。

---

# 阿嬤ㄟ古早蔥油餅

（成品：6～8張）（成本：每個約3元）

**麵皮：**
中筋麵粉500g.、冷水375g.、鹽20g.、蔥末50g.

## 做法》

1 麵粉、冷水、鹽攪拌均勻放置一旁醒20分鐘，加入蔥末拌勻（圖1）。

2 平底鍋加入薄油，讓油佈滿整個鍋面，油熱舀入麵糊，以鍋鏟將麵糊攤開（厚薄依各人喜好）（圖2），以中火煎至兩面焦黃酥脆，盛出裝入盤內。

### 製餅秘笈

★ 這是早期麵糊式蔥油餅的做法，以冷水麵糰製作的蔥油餅，因為不是燙麵做法，所以口感比較軟綿沒有嚼勁。
廣泛的說法：凡是麵糊內或麵皮內加入蔥末，以烙、煎、烤、炸熟製成的餅，都可稱為蔥油餅。

★ 目前在台北市公館一帶不時可看到有阿婆在販賣，可試試看這種蔥油餅，有點懷舊的單純感。

# 酥烤蔥仔餅

（成品：約10個）
（成本：每個約2.5元）

**麵皮：**
中筋麵粉350g.、低筋麵粉150g.、鹽10g.、沸水220g.、冷水80g.、豬油30g.

**餡料：**
蔥末100g.、胡椒粉10g.

## 做法》

**1** 鹽溶解於冷水內，中、低筋麵粉過篩，放入
不鏽鋼盆內，倒入沸水、冷水攪拌成糰，加
入豬油揉至光滑，蓋上濕布醒15～20分鐘
（燙麵麵糰的詳細製作過程請參照P.12）。

**2** 將麵糰分割為每個重80g.，擀成0.5cm厚的
細長形麵皮，抹上一層沙拉油（圖1），撒下
胡椒粉（圖2）及蔥末。

**3** 兩邊麵皮往中間折（圖3），再由上至下捲成
螺旋狀（圖4），放置一旁醒20～30分鐘。

**4** 醒好後將麵糰壓成0.8cm厚的圓餅，放入平
底鍋內，以小火煎2分鐘，翻面再煎2分鐘，
取出放入烤盤（盤內抹一層沙拉油），送入
預熱至250℃烤箱，烤5分鐘即成。

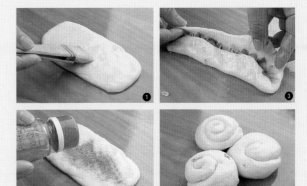

### 製餅秘笈

★ 這個又煎又烤的蔥油餅是在基隆發跡的，到了台北就其產品的製作方式、口感命名而叫做「酥烤蔥仔餅」。

# 牛肉卷餅

（成品：約8個）
（成本：每個約13元）

**麵皮：**
中筋麵粉500g.、沸水250g.、冷水100g.、沙拉油30g.

**餡料：**
滷牛鍵1個、蔥段10根、甜麵醬100g.

## 做法 》

1 麵粉放入不鏽鋼盆內，倒入沸水、冷水攪拌成糰，加入沙拉油揉至光滑，蓋上濕布醒15～20分鐘（燙麵麵糰的詳細製作過程請參照P.12）。

2 將麵糰分割為每個120g.重，擀成0.5cm厚的圓皮狀，抹上一層沙拉油，捲起（圖1）盤繞成螺旋狀，放置一旁醒20～30分鐘。

3 麵糰醒好擀成0.3cm厚的麵皮。

4 平底鍋內塗上一層薄油，將麵皮放入鍋內（圖2）以中火烙熟（麵皮薄所以很快就熟了）。

5 取出麵皮抹上一層甜麵醬，舖上滷好的牛肉片、蔥段捲起食用（圖3）。

## 製餅秘笈

★ 滷牛鍵要選擇筋較多的花鍵才好吃，但花鍵的價錢較貴。做法如下：牛鍵3個汆燙。滷鍋中放入醬油150g.、糖30g.、鹽10g.、八角2片、甘草2片，及4碗清水煮沸，放入牛鍵（滷汁需蓋過牛鍵2公分高），以中小火滷約60～90分鐘至軟即可。

★ 這種以沙拉油製成的薄油餅，適合素食者，也可包入一些蔬菜。

# 斤餅

（成品：約8～9個）
（成本：每個約2元）

**麵皮：**
中筋麵粉500g.、溫水（45～50℃）250g.、沙拉油150g.
**油酥：**
低筋麵粉80g.、沙拉油160g.

## 做法》

1 油酥製作：鍋中倒入沙拉油，油熱後加入低筋麵粉，以小火慢慢拌炒均勻至沸騰，隨即關火。

2 麵皮材料全部攪拌成糰，揉至光滑，放置一旁醒40～60分鐘。

3 將麵糰分割為每個重80～100g.的小麵糰，擀成0.2cm厚的麵皮，抹上一層油酥。

4 麵皮由外向內折疊成長條狀（圖1、2），再捲成螺旋狀（圖3），放置一旁醒30分鐘後，擀成0.2cm厚的薄麵皮。

5 拿餐巾紙沾上沙拉油，在平底鍋底塗抹一圈油，放入麵皮，以小火烙熟，包食任何熱炒熟菜食用均可。

### 製餅秘笈

★ 斤餅又稱「京餅」，早期京城人食用的麵餅，亦屬油餅系列，與牛肉卷餅的油餅很相似；而斤餅是以溫水製作，韌性較強，所以醒的時間要久一些。斤餅的麵皮裡抹上油酥，且麵皮含油量又多，但吃來不膩，就是其特色；北方人喜歡包入大蔥、蒜苗、醬肉等重口味的食材。

★ 斤餅的餅皮在製作時含油料較多，注重身材的女生可別被它薄薄的皮給矇騙了。

# 北京炒餅 （成品：約6～8人份）
（成本：餅皮約15元）

**材料：**

中筋麵粉500g.、鹽15g.、沸水250g.、冷水100g.

## 做法》

1 鹽溶解於冷水內，麵粉放入不鏽鋼盆內，倒入沸水、冷水攪拌成糰，揉至光滑，蓋上濕布醒15～20分鐘（燙麵麵糰的詳細製作過程請參照P.12）。

2 將麵糰分割為每個150g.重，擀成0.5cm厚的圓皮狀（圖1），刷上一層沙拉油（圖2），撒上一層乾麵粉（圖3），折疊3層，擀開成0.5～0.8cm厚，刷上沙拉油，撒上乾麵粉，再折疊3層（麵皮為9層），醒20～30分鐘，擀開成0.5～0.8cm厚，刷上沙拉油，撒上乾麵粉，再折為3層（麵皮為27層），醒20～30分鐘。

3 再將麵糰成0.8cm厚的方形薄片（圖4），放入平底鍋內以薄油、中小火烙熟（圖5）。

4 餅皮切約長5～6cm、寬1～1.5cm條狀，搭配肉絲、青菜等炒食即成。

### 製餅秘笈

★ 麵皮經過3層3次擀折，可製造出層次，嚼感好、燴炒時麵皮會一層層散開，坊間亦有店家以單皮炒食，口感較遜色。

★ 北方家庭常有吃不完的餅皮，回鍋再熱的口感就差了些，所以做成炒餅搭配肉絲、蔬菜燴炒來食用，就成為一道新穎的麵食了。

★ 北京城內有專賣的炒餅店，餅皮也可外帶，1張圓麵皮約80～90cm大，可供8～10人食用。

# 天津烙餅 （成品：約4個）
（成本：每個約7元）

**材料：**
中筋麵粉480g.、高筋麵粉120g.、溫水（50℃）390g.、鹽20g.、沙拉油 30g.

## 做法》

1 鹽溶解於溫水內，麵粉不鏽鋼盆內，倒入溫水攪拌成糰，倒入沙拉油，揉至光滑，蓋上濕布醒30～40分鐘。（燙麵麵糰的詳細製作過程請參照 P.12）。

2 將麵糰擀成0.5cm厚的大麵片，抹上一層豬油、撒上一層麵粉（圖1），折成三層（圖2）；擀開成0.5cm厚的大麵片，抹上豬油、撒上麵粉，折三層（麵皮為9層）醒20～30分鐘。

3 再擀開成0.5cm厚，抹豬油、撒麵粉，折三層（麵皮為27層），再擀開、抹油、撒麵粉，折三層（麵皮為81層）醒30～40分鐘（圖3）。

4 麵皮切成0.5cm寬長條，捲成螺旋狀醒20～30分鐘，擀成1cm厚餅皮，放入平底鍋以中小火薄油慢慢烙熟，趁熱將麵皮搓鬆即可吃食。

製餅秘笈
★ 烙餅是運用製作蔥油餅的手法，經過多次折疊、抹油、撒粉、醒，而製成的多層次重油的餅類。也因此餅皮烙熟為細絲條，食用時大多以手抓來吃，也叫做「抓餅」。
★ 「烙」就是以薄油慢火不時翻面，且適時補充油量的麵餅熟製法。

---

# 蔥抓餅 （成品：約6個）
（成本：每個約2.5元）

**材料：**
中筋麵粉300g.、高筋麵粉100g.、鹽10g.、糖20g.、冷水280g.、沙拉油40g.、蔥末80g.

## 做法》

1 鹽、糖溶解於冷水內，麵粉過篩，倒入冷水攪拌成糰，揉至不黏手，再慢慢分次加入沙拉油、蔥末揉至光滑，蓋上濕布醒40～60分鐘。

2 醒好的麵糰分割成每個重120g.。

3 將麵糰攤開至很薄，薄到隱約可以看到工作檯面，抹上成一層沙拉油，用手掀起麵皮（圖1），將麵片盤繞成螺旋狀，一個個套入塑膠袋中（圖2），醒30～40分鐘。

4 取出麵糰，以手掌輕輕按壓成0.5cm厚的圓皮（圖3），放入平底鍋以中火薄油烙熟，並不時用鍋鏟將餅皮的層次打鬆。

製餅秘笈
★ 蔥抓餅為街頭熱門的油餅，是仿照印度甩餅製成，其麵糰筋性較高，且以冷水和製，揉得較吃力、醒的時間也久，餅皮攤得薄、層次較多，故口感酥鬆；因印度人吃東西都是用手抓著吃，故稱「抓餅」。
★ 蔥抓餅的餅皮較濕軟，醒的時間又長，所以不宜用蓋濕布的方法醒，會沾黏而不方便，要套入塑膠袋內。

# 芝麻燒餅

（成品：8～10個）
（成本：每個約3元）

**麵皮：**
中筋麵粉500g.、泡打粉5g.、鹽15g.、沸水250g.、冷水125g.、沙拉油30g.
**油酥：**
低筋麵粉150g.、沙拉油80g.
**裝飾：**
生芝麻適量

## 做法》

1 麵皮材料的麵粉、泡打粉、鹽過篩，加入沸水、冷水攪拌成糰，加入沙拉油揉至光滑，蓋上濕布醒15～20分鐘（燙麵麵糰的詳細製作過程請參照P.12）。

2 油酥部份的低筋麵粉倒入鍋子內以小火炒6～8分鐘，加入沙拉油，轉中火炒至油酥沸騰，冷卻後使用。

3 將麵糰擀成0.8cm厚度，抹入一層油酥（圖1），捲起成長條筒狀（圖2），放置一旁醒20分鐘。

4 分割為每個80g.重，一一擀成0.8cm厚麵皮（圖3），折三層（圖4）擀開，再折三層（共2次）醒15分鐘，沾芝麻，每片擀成15×8cm的長方形薄片（圖5），放入抹了薄油的烤盤。

4 送入預熱至200～220℃烤箱烤10～12分鐘。

## 製餅秘笈

★ 燒餅傳說是西域胡人所吃的食物，故稱為「胡餅」，於漢代傳入內地；亦有稱「麻餅」，因古代稱芝麻為胡麻，到了東晉時才改稱芝麻。這種餅的製作是經由火燒烤而成，故又叫「燒餅」，外皮酥脆，內層柔軟，夾油條、蔥末蛋、玉米蛋都好吃，是最佳的早餐或宵夜。

# 蟹殼黃 （成品：25～28個）
（成本：每個約2.5元）

**油皮：**
高筋麵粉250g.、低筋麵粉250g.、泡打粉5g.、溫水（45～50℃）150g.、鹽15g.、糖25g.、豬油200g.

**油酥：**
低筋麵粉250g.、豬油125g.

**餡料：**
肥肉250g.、鹽25g.、蔥末100g.、胡椒粉20g.
（全部混合）

**上色：**
糖水適量（比例為糖1：水9）、生芝麻適量

## 做法》

1 油皮部分的麵粉、泡打粉過篩，加入鹽、糖和溫水混勻，揉至光滑，蓋上濕布醒20～30分鐘。

2 擀成0.5cm厚的麵皮（圖1），刷上一層豬油，撒上一層薄薄的高筋麵粉（圖2），折疊三層醒20～30分鐘。

3 麵糰醒好後再擀成0.5cm厚的麵皮，刷上豬油，撒上薄麵粉，捲成長條（圖3）醒20～30分鐘。分割為每個重30g.麵糰。

4 將油酥材料輕輕拌勻，分割為每個重15g.麵糰。

5 油皮包入油酥（成球狀），醒10分鐘，壓成圓麵皮，包入10g.餡料（圖4），壓成1cm厚度，刷上一層糖水（圖5），沾芝麻（圖6），放入預熱至210～220℃烤箱烤15～18分鐘即成。

## 製餅秘笈

★ 蟹殼黃為上海經典點心，因其表皮烤熟後呈金黃色如蟹殼般而得名。製作蟹殼黃一定要用豬油、且餡料要放肥肉才道地，因為就是要吃出酥與香，唯有豬油才具備這種特性。至於餡料中的肥肉則以採用炸豬油的大板油更理想。

★ 蟹殼黃很好吃，一小個蟹殼黃配上一杯普洱茶就可稱人間美味，不宜多吃，體重會上升。

# 牛舌餅

（成品：約12個）

（成本：每個約3.5元）

油皮：
高筋麵粉150g.、低筋麵粉150g.、溫水（45℃）125g.、糖45g.、沙拉油100g.

油酥：
低筋麵粉200g.、沙拉油70g.

餡料：
糖粉220g.、熟麵粉70g.、芝麻10g.、麥芽糖50g.、奶粉25g.、水25g.

## 做法 》

1 油皮部分的溫水和糖混合，與麵粉、沙拉油揉至光滑，蓋上濕布醒20～30分鐘，分割為每個重35g.麵糰。

2 油酥材料輕輕拌勻，分割為每個重20g.麵糰。

3 餡料部份糖粉、熟麵粉混合，放入麥芽糖混合，加入奶油、水混合均勻，分割為每個重25g.。

4 油皮先包入油酥，擀捲兩次，捲成筒柱狀醒15～20分鐘，擀成圓麵皮。（油酥油皮的詳細製作過程請參照P.15）

5 包餡（圖1），醒15～20分鐘，擀成橢圓形狀（圖2），送入預熱至200℃烤箱，烤20～25分鐘。

## 製餅秘笈

★ 牛舌餅因其形狀為舌狀而得名，市面上大部份用平底煎盤兩面烙熟，現烙現賣；餡料另有芝麻、花生等口味，剛出爐的餅，香、酥、脆真是好吃。

★ 牛舌餅有鹿港和宜蘭兩種，此處示範為鹿港的，酥軟而有層次；宜蘭的牛舌餅較脆、硬，沒有層次。

# 蘿蔔絲
# 酥餅

（成品：約18～20個）
（成本：每個約4元）

**油皮：**
中筋麵粉400g.、沸水
180g.、冷水60g.、豬油
60g.

**油酥：**
低筋麵粉280g.、豬油140g.

**餡料：**
蘿蔔400g.、蝦米50g.、蔥
末50g.、鹽1小匙、麻油適
量、胡椒粉5g.

## 做法》

1. 油皮部分的麵粉先放入沸水再加入冷水攪拌成糰，放入豬油揉至光滑，蓋上濕布醒15分鐘，分割每個重35g.麵糰。

2. 油酥材料輕輕拌勻，分割為每個重20g.麵糰。

3. 油皮先包入油酥，擀捲兩次，捲成筒柱狀醒15～20分鐘，擀成圓麵皮。（油酥油皮的詳細製作過程請參照P.15）

4. 將餡料的蘿蔔刨絲（圖1），放入1小匙鹽醃漬10分鐘，擠乾水份（圖2），蝦米泡軟切碎，入炒鍋炒2分鐘盛出，與蘿蔔絲、蔥末、麻油、胡椒、鹽拌勻備用。

5. 麵皮包入餡料，捏緊成球狀（圖3），刷糖水、沾芝麻，放入預熱至220°C烤箱，烤20～25分鐘。

## 製餅秘笈

★ 市面上另有以平底鍋放油，半煎半烙熟的蘿蔔絲餅較油膩；餡料如改用豆沙、棗泥，即為甜味的棗泥酥餅、豆沙酥餅。

# 蛋黃酥

（成品：約20個）
（成本：每個約9.5元）

**油皮：**
中筋麵粉300g.、糖50g.、
豬油90g.、水120g.
**油酥：**
低筋麵粉240g.、豬油120g.
**餡料：**
豆沙600g.、蛋黃20個

## 做法》

1 油皮部份材料全部拌至光滑，蓋上濕布醒20分鐘，再分割為每個重25g.。

2 油酥部份材料輕輕混合拌勻即可，分割為每個重18g.。

3 油皮包入油酥，擀捲兩次，捲成筒柱狀醒20分鐘。（油酥油皮的詳細製作過程請參照P.15）

4 蛋黃表面可噴灑些酒以去腥，放入上下火200/220℃烤箱烤3～4分鐘，冷卻後使用。

5 將蛋黃包入豆沙中（圖1），再將醒好的油酥皮擀成圓麵皮包入餡料（圖2），表面刷蛋汁（圖3），放入上下火200/220℃烤箱烤25～30分鐘即成。

### 製餅秘笈

★ 蛋黃酥是很容易學上手的產品，在中秋節慶時，不妨自己動手做，保證比名店還好吃，酥皮類的產品用豬油製作口感最棒最酥鬆，如吃素的朋友改用白油等植物油，風味是差一些。

# 咖哩餃

（成品：約15個）

（成本：每個約8.5元）

**油皮：**

中筋麵粉200g.、糖20g.、
豬油60g.、水80g.

**油酥：**

低筋麵粉160g.、豬油80g.

**餡料：**

絞肉120g.、馬鈴薯泥
100g.、洋蔥末60g.、油2大
匙、鹽1小匙、蝦油1 1/2大
匙、咖哩粉2大匙

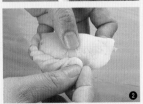

## 做法》

1 油皮部份材料全部拌至光滑，蓋上濕布醒20分鐘，分割為每個重
25g.。酥皮部份材料輕輕混合拌勻即可，分割為每個重18g.。

2 油皮包入油酥擀捲兩次，捲成筒柱狀醒約20分鐘，擀成圓麵皮。
（油酥油皮的詳細製作過程請參照P.15）

3 馬鈴薯預先蒸熟壓碎成泥。

4 熱油鍋，加入2大匙油爆香洋蔥末，放入絞肉拌炒至出油，加入
馬鈴薯泥、咖哩粉、鹽、蝦油拌炒均勻，待冷卻後使用。

5 油酥皮包入30g.餡料，對折捏緊（圖1），將收口處的麵皮一小折
一小折扭緊（圖2），表面刷蛋汁（圖3），放入200/220℃烤箱烤
20～30分鐘。

### 製餅秘笈

★ 咖哩餃是印度的點心，所以道地的餡料一定要加入馬鈴薯，忠於外國人的口味，蝦
油係由小海蝦製作，其味道鮮美但鹽份較重，在台北的南門市場有賣，或一些專售
東南亞食材的小雜貨店可尋找看看；也可以魚露替代，味道有點微甜。

# 蜜汁叉燒酥 （成品：約20個）
（成本：每個約10元）

**油皮：**
高筋麵粉150g.、低筋麵粉150g.、水120g.、酥油90g.、糖30g.

**油酥：**
低筋麵粉280g.、酥油140g.

**餡料：**
A.叉燒丁250g.、紅蔥頭酥20g.、蠔油1大匙、清水2/3碗
B.玉米粉水：玉米粉1大匙、水3大匙混合

## 做法》

**1** 油皮所有材料混合揉至光滑，醒20～30分鐘，分割為每個重25g.。

**2** 油酥部份材料輕輕拌勻，分割為每個重20g.。

**3** 將餡料A煮沸，放入玉米水勾芡，冷卻後放入冰箱冷藏。

**4** 油皮包入油酥（圖1），擀捲2次（圖2-4），捲成筒柱狀醒約15～20分鐘（圖5）。（油酥油皮的詳細製作過程請參照P.15）

**5** 麵糰擀成長方形，包入餡料（圖6），兩頭捏合、刷蛋汁，放入預熱至200～220℃烤箱，烤25～30分鐘。

## 製餅秘笈

★ 廣東叉燒肉帶點甜味是因為肉面上刷了一層淡淡蜜汁，叉燒酥的形狀有圓形、長方形及元寶狀，製作時使用的油質與擀折的次數對口感、體積影響很大，油酥中的酥油有葷、素兩種，烘焙材料行均可購得。

★ 餡料A的材料煮沸，放入玉米粉水勾芡，冷卻後放入冰箱冷藏，餡料會較黏稠，包餡時較順手好包。

發麵家族

# 狗不理包子

（成品：18～20個）
（成本：每個約5元）

**材料：**
老麵種200g.、中筋麵粉400g.、水200g.、鹼水1～11/2茶匙

**餡料：**
絞肉500g.、薑汁50g.、蔥末100g.

**調味料：**
鹽1/2大匙、糖1小匙、淡色醬油1大匙、麻油1/2大匙、胡椒粉（適量）、清水2/3碗

## 做法》

1 老麵、麵粉、水拌勻揉至光滑，放入發酵桶內發酵90～120分鐘。（老麵製作過程請參照P.19）。

2 取出發酵好的麵糰，加鹼水，揉至均勻光滑，放置一旁蓋上微濕紗布，醒10～15分鐘。

3 絞肉、薑汁與調味料拌勻，分次加入清水，每加一次清水都要以同一方向拌至肉有黏性，最後加入蔥末拌勻，放入冰箱冷藏保鮮（圖1）。

4 麵糰分割為50g.重（圖2），擀成中間厚、周邊薄，直徑約8cm的圓麵皮（圖3、4），包入肉餡（圖5），放入蒸籠（墊上紗布或油紙）內，蓋上蒸籠蓋，再醒10～12分鐘。水煮沸、放上蒸籠，以中火蒸10～12分鐘。

5 包子蒸好後，關火，將蒸籠放置工作檯上，迅速打開蒸籠蓋，將包子倒出或用鐵夾取出。

## 製餅秘笈

★ 狗不理包子名字的由來：曾有位名叫狗子的賣包子年輕人，其手藝非常好生意興隆，但為人憨厚耿直，做生意從不與人打招呼，故客人有「狗子賣包子不理人」言傳，到最後傳為「狗不理包子」。

★ 一定要使用老麵來製作，口味才道地，且肉餡內含有湯汁，調餡料時要加入清水或高湯，這是狗不理包子的特色。

★ 大陸天津有一家百年老店的狗不理包子舖，值得去品嘗。

★ 用老麵發酵好的麵糰都會有些許酸味，所以可視酸味的濃度酌加1～11/2茶匙鹼水中和。

# 菜肉包子 （成品：約15個）
（成本：每個約5元）

**材料：**
A.中筋麵粉500g.、快速酵母8g.、水260g.、泡打粉5g.、細砂糖30g.
B.白油10g.

**肉餡：**
四季豆100g.、絞肉400g.、薑汁1大匙、蔥末60g.

**調味料：**
鹽2小匙，淡色醬油1大匙、糖2小匙、胡椒粉1小匙、麻油1/2大匙。

## 做法》

1 A項材料全部拌成糰，加入白油，揉至光滑，蓋上濕布醒15～20分鐘。
2 四季豆放入沸水汆燙，漂冷切丁；絞肉加薑汁、蔥末及調味料拌勻，待包餡時再加入四季豆混合。
3 麵糰分割為每個重50g.（圖1），擀成圓形麵皮，包入30g.肉餡（圖2），放入蒸籠內再醒12～15分鐘，以中火蒸10～12分鐘。

# 豆沙包 （成品：約15個）
（成本：每個約4元）

**材料：**
中筋麵粉500g.、水270g.、活性乾酵母10g.

**餡料：**
紅豆餡500g.

## 做法》

1 活性乾酵母的使用方法（見P18）。
2 麵粉、水、酵母混合均勻，揉至光滑，放入發酵桶內發酵90～120分鐘，取出放置工作檯上揉2～3分鐘，用微濕的紗布蓋上醒15分鐘。
3 分割為每個重50g.小麵糰，包入40g.紅豆餡（圖1），將收口處朝下，反面以叉子戳洞裝飾（圖2），放入蒸籠內再醒12～15分鐘，水煮沸、放上蒸籠，以中小火蒸10分鐘。

## 製餅秘笈

★ 乾性酵母呈半睡眠狀態，故必須溶解在溫水內讓它甦醒，並餵食少許糖使其有活力來進行發酵。使用新鮮酵母、乾性酵母手工製作的發酵麵食，其麵皮組織內孔洞大小不一較粗糙，但咬勁好麵皮香，故北方人製作發酵麵食較喜用上述兩種酵母或老麵，且不加糖、泡打粉、油等會降低麵皮嚼感的材料。

# 水煎包

（成品：約15個）

（成本：每個約3.5元）

**麵皮：**
中筋麵粉500g.、水270g.、
新鮮酵母13g.

**餡料：**
絞肉200g.、高麗菜200g.、
韭菜100g.、粉絲1把

**調味料：**
鹽2小匙、、淡色醬1/2大
匙、糖1小匙、胡椒粉2小
匙、麻油1/2大匙

**麵粉水：**
1碗（比例為麵粉1：水9）

## 做法》

1  麵皮材料混合均勻，揉至光滑，放入發酵桶內發酵90分鐘後取出，放置桌面上再揉2～3分鐘，蓋上濕布醒15分鐘，將麵糰搓成長條，分割為每個重50g.麵糰，擀成中間厚、周邊薄，直徑約10cm的圓麵皮。

2  絞肉加所有調味料拌勻，粉絲放入溫水中泡軟切段，高麗菜、韭菜洗淨瀝乾水份切細，包餡時再與絞肉混合。

3  麵皮包入40g.餡料，打折捏緊（圖1-3），再醒5分鐘，燒熱平底鍋，倒入沙拉油，搖晃鍋子，讓油佈滿整個鍋面，油熱將包子一個個排入不留空隙；倒入麵粉水（水量為包子的1/2高度），以中火煎6分鐘，轉中大火煎2分鐘，掀蓋撒下熟芝麻粒盛出即可。

### 製餅秘笈

★ 一般水煎包用老麵種製作最香的，新鮮酵母或活性乾酵母稍為遜色些；不建議用快速酵母，且不可加入清水煎，一定要用麵粉水。煎包、煎餃、鍋貼的好吃全是來自底部的焦香及酥脆。

# 上海生煎包

（成品：18～20個）
（成本：每個約4.5元）

**麵皮：**
發麵麵糰360g.、燙麵麵糰240g.

**餡料：**
絞肉500g.、薑汁80g.、蔥末80g.

**調味料：**
鹽2小匙、淡色醬1大匙、麻油1/2大匙、胡椒粉2小匙、糖2小匙、清水4大匙

## 做法》

1 發麵麵糰（參照P.20）、燙麵麵糰（參照P.12），混合揉成糰，醒20分鐘，分割為每個重30g.，擀中間厚、周邊薄，直徑約6cm的圓麵皮（圖1）。

2 絞肉、薑汁與調味料拌勻，分次加入清水，以同一方向拌至肉有黏性，最後加入蔥末拌勻，放入冰箱冷藏保鮮。

3 麵皮包入30g.餡料，平底鍋燒熱，倒入沙拉油，油熱將包子一個個排入不留空隙；倒入麵粉水（圖2）（水量為包子的1/2高度），以中火煎4分鐘，再轉中大火煎2分鐘，掀蓋撒下熟芝麻粒（圖3）即可取出。

### 製餅秘笈

★ 上海生煎包特色為個頭小、皮薄、肉餡飽滿濕潤，因上海人喜好較精緻小巧的食品，在上海有的煎包小到一口一個。因皮薄，所以包好餡料後不需要「醒」，包到一鍋的數量就可以直接上鍋煎。

★ 一般人常搞不清楚水煎包和生煎包有何不同，其實都是放入平底鍋煎熟，不同的在於大小以及餡料的調配。上海生煎包內館變化豐富，除了肉外，講究些的還加入蟹肉、蟹黃、蝦仁、干貝、黃魚等高檔海味，呈現出江南人細緻挑剔的飲食文化；也因此份量不宜太大，小巧可口才討喜。而水煎包是江北麵食，著重在皮厚的飽滿感，內餡多放些家常的豆干、白菜、韭菜、粉絲、蛋皮，也展現出北方人不拘小節、豪氣實在的個性。

# 小籠包 （成品：18～20個）
（成本：每個約3.5元）

**麵皮：**
中筋麵粉280g.、低筋麵粉120g.、快速酵母4g.、泡打粉4g.、細砂糖20g.、水220g.

**餡料：**
絞肉400g.、薑汁60g.、蔥末60g.

**調味料：**
鹽1小匙、醬油1大匙、糖1/2大匙、麻油1/2大匙、胡椒粉1小匙

## 做法》

1 麵皮材料全部混合，攪拌成糰，揉至光滑，放入發酵桶內發酵1小時。

2 絞肉、薑汁和所有調味料混合均勻，加入2大匙清水和蔥末，順同一方向攪拌（圖1）至肉有黏性，放入冰箱冷藏備用。

3 分割為每個重30g.小麵糰，擀成中間厚、周邊薄，直徑約6cm的圓麵皮（圖2），包入20g.的餡料（圖3），放入蒸籠醒3～5分鐘，以中火蒸5～6分鐘。

## 製餅秘笈

★ 皮薄、個頭小，以小竹籠子蒸熟的包子即稱為小籠包，大家都喜歡吃小籠包，學麵食的人是一定要學會做小籠包的；經濟不景氣，馬路邊有許多小籠包餐車供應消費者當早餐，其麵皮的做法冷水麵、燙麵、發麵均有，口感各自不同，但生意還都挺不錯的！

★ 饕客吃鮮美的小籠包，喜歡配上嫩薑、醬油和醋等佐料沾食（圖4），可解膩開胃。

# 蟹黃湯包

（成品：30～35個）
（成本：每個約12元）

**麵皮：**

A.中筋麵粉200g.、快速酵母2g.、水110g.

B.中筋麵粉300g.、熱水（65～70℃）180g.

**餡料：**

絞肉400g.、蟹黃100g.、蔥末60 g.、薑汁2大匙

**調味料：**

鹽1/2大匙、淡色醬油1大匙、糖1小匙、胡椒粉1小匙、麻油1/2大匙

**凍湯：**

豬皮200g.、雞爪5隻、清水4碗、薑2片、蔥1支

## 做法》

1 A項材料全部拌成糰，揉至光滑，放入發酵桶內發酵1小時。

2 B項材料混合拌成糰，揉至光滑，醒20分鐘（圖1，右邊為A麵糰、左邊為B麵糰）再與1.混合，揉至光滑（圖2），放置一旁醒20分鐘。

3 將凍湯中的豬皮切小塊，與其他材料一起以小火熬90分鐘，待涼放入冰箱結成膠凍。

4 肉餡材料與調味料全部順一方向攪拌均勻，加入1碗凍湯（圖3），繼續拌成糰，放入冰箱冷藏2小時。

5 麵皮分割為每個重25g.的小麵糰，擀成直徑約6cm圓麵皮，包入肉餡（圖4），儘量飽滿。

6 蒸鍋內的水預先煮沸，包子包好馬上放入蒸籠內以大火蒸5～6分鐘即成。

## 製餅秘笈

★ 湯包肉餡內含多量的湯汁，故外皮塌陷而黏在餡料上，長得就是一副不會挺立飽滿的樣子。

★ 蟹黃是古代宮廷內御廚專為皇上調製的頂極餡料，流傳至今日，只有在高檔的麵食館裡才可以吃得到，如台北市永康街附近就有2～3家，大部份客人來自國外，尤其日本人最多，他們最喜歡台灣的鍋貼、煎餃、小籠湯包、燒賣等。

★ 湯包的湯汁以豬皮、雞爪熬成的高湯代替清水，較道地美味，這種湯汁含有大量膠質，冷藏成凍後拌入肉餡內，餡料不會濕黏較好包，待膠質遇熱融化，就會釋出大量湯汁且味道鮮美；如要作生意是應該加入此種凍湯。家庭製作用量少，加入清水即可，放入冰箱冷藏久一點會更好包。

★ 銀絲卷的大小隨各人的喜好
　製作，南方人吃麵食不喜歡
　韌性太強，所以會摻入低筋
　麵粉或澄粉、太白粉、玉米
　粉等筋性較低或沒有筋性的
　粉質代替部份的中筋麵粉。
★ 快速酵母製作的發酵麵食外
　觀光滑，組織細緻、口感較
　鬆綿軟。

# 銀絲卷

（成品：6～8個）
（成本：每個約6元）

**材料：**

A.綠色麵糰：中筋麵粉300g.、低筋麵粉100g.、水220g.、快速酵母6g.、泡打
粉4g.、細砂糖40g.、奶粉12g.、綠色蔬菜粉20g.

B.白色麵糰：中筋麵粉400g.、低筋麵粉100g.、水270g.、快速酵母7g.、泡打
粉5g.、細砂糖50g.、奶粉15g.

## 做法》

1 綠色麵糰材料全部攪拌成糰，加入10g.奶油揉至光滑，蓋上濕布醒20分鐘，
擀成0.5 cm厚麵皮，刷上一層薄薄的沙拉油（圖1），切成長10～12cm、寬
0.5cm細麵條。

2 白色麵糰材料全部攪拌成糰，加入15g.奶油揉至光滑，醒20分鐘，擀成0.8
cm厚麵皮，切成長10～12cm、寬8～10cm長方形狀。

3 白色麵皮包入12～15條綠色麵條（圖2），捲成圓柱狀（接口處沾些水黏
緊），用刀子將兩邊修齊（圖3），放進蒸籠醒15～18分鐘以中火蒸12分鐘。

# 花卷

（成品：8～10個）
（成本：每個約3元）

**材料：**

A.中筋麵粉500g.、水275g.、快速酵母8g.、細砂糖20g.

B.油脂20g.

C.鹽20g.、蔥末100g.

## 做法》

1 A項材料全部拌成糰，加入油脂揉至光滑，蓋上濕布醒15～20分
鐘。

2 將麵糰擀成0.8cm厚，10～12cm寬的長方形麵皮，撒下鹽、蔥末對
折（圖1），用刀子切成3～4cm寬（圖2），每兩塊麵皮疊在一起，以
筷子在中央壓下一條線（圖3）。

3 放入墊有油紙的蒸籠內再醒15～18分鐘，以中火蒸10～12分鐘。

製餅秘笈

★ 一般家庭用的蒸籠較小，約可放6～8個產品，故蒸籠的火力只需中火或中小火即可；如用大火蒸，
產品受熱過度，表皮容易縮皺，受熱不足則又會蹋陷，所以發酵產品火力的掌控是一大功夫。

# 胡椒餅 （成品：約10個）
（成本：每個約12元）

**材料：**

**麵皮：**

中筋麵粉400g.、水220g.、活性乾酵母8g.、豬油20g.

**油酥：**

低筋麵粉130g.、豬油65g.

**餡料：**

瘦肉丁100g.、絞肉400g.、蔥末200g.

**調味料：**

鹽1小匙、醬油3大匙、糖2大匙、胡椒粉1/2大
匙、五香粉1小匙

**上色：**

糖水適量（比例為糖1：水9）、生芝麻適量

## 做法》

1 活性乾酵母的使用方法（見P18）。

2 麵皮材料中的麵粉、酵母和水混和、揉至光
滑，放入發酵桶發酵80分鐘，加入豬油揉至
光滑，醒15分鐘，分割為每個重60g.小麵
糰。

3 油酥材料中的麵粉與豬油輕輕拌勻，分割為
每個重20g.麵糰。

4 麵皮包入油酥，以手稍壓，擀成橢圓形麵皮
（圖1），捲起來醒20分鐘（圖2）。

5 將絞肉、瘦肉丁與調味料拌勻醃20分鐘，包餡前加入蔥末拌勻。

6 麵糰擀薄，包入餡料50g.（圖3），餅皮表面刷一層糖水（圖4），沾芝麻（圖5）醒10分鐘，放
入200～220℃烤箱烤20～25分鐘即成。

製餅秘笈

★ 胡椒餅是福州名餅之一，以肉餡中加入很多胡椒粉調製而得名；因以碳烤製作，所以表皮香酥而帶點韌度，口感頗佳，
且內餡又辣而過癮，雖然各地都有賣，但台北捷運龍山寺站旁的老店味道最道地。

# 發麵燒餅 （成品：約8個）
（成本：每個約3元）

**材料：**
A.中筋麵粉500g.、水270g.、快速酵母8g.、泡打粉5g.、細砂糖25g.
B.沙拉油30g.

**餡料：**
蔥末250g.、鹽20g.、胡椒粉20g.

**上色：**
蛋液或糖水適量（比例為糖1：水9）、生芝麻適量

## 做法》

1 A項材料全部拌勻，加入沙拉油揉至光滑，放置一旁蓋上濕布醒15～20分鐘。

2 醒好的麵糰擀成0.8cm厚、20cm寬之長方形麵皮（圖1），撒上蔥末、鹽和胡椒粉（圖2），捲成3～4層（圖3），斜切成約5cm×12cm的菱形狀（圖4）或長方形狀。

3 餅皮表面刷上一層蛋液（圖5）、沾芝麻（圖6），放入烤盤醒15～20分鐘。

4 放入預熱至170～180℃烤箱，烤25～30分鐘即成。

## 製餅秘笈

★ 發麵燒餅不油膩咬感好，市面上多用碳烤方式販售，生意都非常興隆，一般人最喜歡剛出爐熱騰騰的餅，在捷運南勢角站附近常看到排長龍的隊伍在等出爐的餅呢！

★ 餅皮表面刷上蛋液或糖水均可讓芝麻好沾黏，且上色漂亮；而蛋液的成本較高，所以一般店家都只刷一層糖水。

★ 芝麻醬燒餅因餅內層抹有芝麻醬而得名，口感帶有發麵的柔軟及燒烤的韌性，以燙麵、冷水麵及發麵手法均可製成各式燒餅，
　廣義的說：只要沾了芝麻而燒烤的餅，都可稱燒餅，「芝麻」與「燒餅」就像哥倆好，不分家。
★ 芝麻要生的，不適用炒過的熟芝麻。

# 香酥素燒餅 （成品：8～9個）
（成本：每個約3元）

**麵皮**：高筋麵粉250g.、低筋麵粉250g.、泡打粉10g.、熱水（65℃）250g.、
　　　　鹽10g.、細砂糖15g.、沙拉油50g.

**油酥**：低筋麵粉200g.、沙拉油70g.

**上色**：糖水適量（比例為糖1：水9）、生芝麻適量

## 做法》

1. 麵皮材料的鹽和糖溶解於熱水中，與麵粉、泡打粉混合攪拌成糰，加
　　入沙拉油揉至光滑，蓋上濕布醒20分鐘；分割為每個重80g.麵糰。

2. 油酥材料的低筋麵粉放入炒鍋炒6～8分鐘取出，與沙拉油輕輕拌勻成糰。

3. 每個麵皮包入30g.油酥，擀捲兩次成圓柱狀，蓋上濕布醒20～25分鐘。（油酥油皮的詳細製
　　作過程請參照P.15）

4. 將麵皮擀成10cm長，折3層（圖1），刷糖水，沾芝麻，再輕輕壓扁（圖2），以擀麵棍擀成
　　8x6cm之長方形麵皮；放入烤盤內（抹上一層薄油），送入預熱至210～220℃烤箱，烤20～25
　　分鐘。

# 芝麻醬燒餅 （成品：10～12個）
（成本：每個約3.5元）

**麵皮**：中筋麵粉400g.、水220g.、速溶酵母4g.、泡打粉5g.、鹽8g.

**油酥**：低筋麵粉150g.、沙拉油60g.

**內餡**：芝麻醬150g.、花椒粉5g.

**上色**：糖水適量（比例為糖1：水9）、生芝麻適量

## 做法》

1. 油酥材料輕輕拌勻。

2. 芝麻醬與花椒粉拌勻。

3. 麵皮材料全部混合揉成糰，醒30分鐘後擀成0.5cm厚長方形狀麵皮，抹
　　上一層油酥捲起，蓋上濕布醒15分鐘。

4. 將麵皮擀成0.5cm厚，抹入芝麻醬（圖1），捲折成長條筒狀（圖2）醒15
　　分鐘。

5. 分割為60g.重小麵糰，以手掌稍壓捏合成圓餅狀（圖3），刷上糖水，沾
　　芝麻放入烤盤醒10分鐘，放入預熱至210℃～220℃烤箱，烤15～18分
　　鐘。

6. 出爐冷卻後，將餅橫切開來夾入滷牛肉片食用。

★ 燒餅種類繁多，大都依添加的內餡命名；
蔥脂燒餅是古早名，因為從前是以蔥末和
板油（即炸豬油的肥肉）製成的口味，目
前坊間都改放絞肉，所以市面上都稱為鹹
燒餅或鹹酥餅。

製 餅 秘 笈

★ 早期燒餅是放入紅泥巴製作的窯缸內碳烤熟成的，
時代的變遷，現代人大多用烤箱，雖然方便，但口
感卻不同了，少了份碳烤香；如果尋找這種古味，
恐怕得到大陸的鄉間走一趟了。

# 蔥脂燒餅

（成品：10～12個）
（成本：每個約4元）

**麵皮：**
A.中筋麵粉300g.、速溶酵母1.5g.、溫水（45°～50℃）180g.、細砂糖30g.
B.泡打粉6g.、豬油10g.
**油酥：**低筋麵粉180g.、豬油90g.
**餡料：**絞肉200g.、蔥末200g.、鹽30g.、胡椒粉10g.
**上色：**蛋液適量、生芝麻適量

## 做法》

1. 麵皮A項材料混合揉成糰，加入泡打粉和豬油揉至光滑，放置一旁蓋濕布醒30分鐘。
2. 油酥材料輕輕拌勻備用，餡料中的絞肉、鹽、胡椒粉拌勻，待包餡料前再加入蔥末拌勻（圖1）。
3. 麵皮醒好每個分割為40g.重，每個麵皮包入18g.油酥，壓平擀成長條狀麵皮，由上往下捲起，再擀成長條，捲起成筒柱狀放置醒20～30分鐘。（酥皮的詳細製作過程請參照P.15）。
4. 醒好的麵皮擀成圓形，包入餡料，捏緊成圓球狀（圖2），刷蛋汁、沾芝麻，放入烤盤內再醒10分鐘，送入預熱至210～220℃烤箱，烤15～20分鐘。

# 麥芽甜燒餅

（成品：8～10個）
（成本：每個約5元）

**麵皮：**
中筋麵粉400g.、速溶酵母4g.、溫水（45～50℃）200g.、細砂糖50g.、蘇打粉4g.、沙拉油30g.
**油酥：**低筋麵粉220g.、沙拉油110g.
**餡料：**麥芽300g.、白醋15g.、水30g.、細砂糖120g.、麵粉90g.
**上色：**蛋液適量、生芝麻適量

## 做法》

1. 麵皮材料中的蘇打粉和糖預先溶於溫水內，與麵粉、酵母混合揉成糰，加入沙拉油揉至光滑，蓋上濕布醒30分鐘；分割為每個重50g.麵糰。
2. 油酥中的麵粉放入炒鍋內，以中小火不斷翻炒約5分鐘（圖1），冷卻後與沙拉油輕輕拌勻。
3. 餡料中的麵粉放入蒸籠蒸10分鐘成熟麵粉；麥芽和白醋攪拌至柔軟狀態，加入水混勻，續加入細砂糖、熟麵粉拌成糰備用。
4. 麵皮擀成0.5cm厚，抹入一層油酥，折3層擀開成0.5cm厚，再抹一層油酥，折3層（共2次），蓋上濕布醒20～25分鐘。
5. 麵皮擀成0.8cm厚，以直徑約8cm空心模壓出圓麵皮，包入30g.甜餡，收口捏緊，醒10～15分鐘。
6. 餅皮刷上蛋汁、沾芝麻，再以擀麵棍輕輕擀成橢圓形（圖2），送入預熱至220～230℃烤箱，烤15～20分鐘。

# 烤蔥花卷餅

（成品：8～10個）
（成本：每個約3元）

**材料：**

A.高筋麵粉420g.、低筋麵粉180g.、快速酵母9g.、泡打粉12g.、細砂糖30g.、水330g.、鹽10g.
B.奶油30g.

**餡料：**

蔥末200g.、鹽10g.、胡椒粉10g.、五香粉5g.

**上色：**

蛋液、生芝麻適量

## 做法 》

1 A項材料全部混合攪拌成糰，加入奶油，揉至光滑不黏手，放置一旁蓋上微濕紗布醒15～20分鐘。

2 將麵糰擀成0.5cm厚、20～25cm寬長方形麵皮（圖1），撒上鹽、胡椒、五香粉和蔥末，摺疊成4～5層長型麵糰狀（圖2），寬約5～6cm，再用刀子切成每邊6～7cm長的麵塊（圖3），刷上蛋汁、沾芝麻，放入烤盤醒30分鐘。

3 放入預熱至200℃烤箱烤25～30分鐘即成。

### 製餅秘笈

★ 這種蔥末卷餅在賣豆漿的早餐店很受歡迎，口感有點像麵包，鬆軟香酥，是傳統蒸花卷的改良品，所以有的店家稱他為烤花卷、烤卷餅。

# 千層糕

（成品：8～10個）

（成本：每個約7元）

**麵皮：**

A. 中筋麵粉300g.、低筋麵
　粉300g.、快速酵母9g.、
　泡打粉6g.、水300g.、糖
　90g.、奶粉15g.

B. 奶油20g.

**餡料：**

熟麵粉120g.、鹹蛋黃8個、
糖120g.、奶油50g.、椰子
粉60g.、奶水適量

**裝飾：**

紅棗適量

## 做法》

1　麵皮材料A全部混合攪拌成糰，加入奶油揉至光滑，蓋上濕布
　醒15～20分鐘，分成4份，分別擀成0.5cm厚長形或圓形麵皮
　（圖1）。

2　將餡料中的鹹蛋黃壓碎，與其他餡料拌勻，分成3份。

3　4份麵皮一一相疊，每層中間夾入餡料（圖2）。

4　紅棗泡軟去核，切對半。

5　放入蒸籠內醒30分鐘，裝飾些許紅棗（圖3），以中大火蒸40～
　50分鐘，待涼後切塊即可食用。

## 製餅秘笈

★ 千層糕為發酵性的麵食甜點，層層相疊、口感鬆軟，為中式下午茶最佳的點心之一。

★ 若覺得餡料太乾，酌加奶水會較香。

★ 熟麵粉即蒸過的麵粉，沒有筋性了，為餡料內的填充物，也可以蒸過的糯米粉代替。

# 酒釀餅

（成品：8～10個）

（成本：每個約6元）

**材料：**

中筋麵粉360g.、低筋麵粉240g.、溫水（45℃）240g.、酒釀120g.

**餡料：**

紅豆沙600g.

## 做法》

1 全部材料拌成糰，揉至光滑，放入發酵桶內發酵80分鐘。

2 分割為每個重100g.麵糰，包入60g.紅豆餡（圖1），再壓扁輕輕擀成約1cm厚圓餅狀（圖2）。

3 送入預熱至170～180℃烤箱，烤15～20分鐘。

## 製餅秘笈

★ 整型包餡時麵皮較濕黏，可沾些乾麵粉，入爐烤前再將多餘的麵粉拍掉。

★ 酒釀餅是利用酒釀內含的酵母菌來進行發酵，過去媽媽們在過年時總是喜歡自己釀酒，將酒喝完後留下的糯米渣和入麵粉製餅，其餅皮口感軟柔帶些嚼勁，淡淡的酒香沒有油質，非常爽口。

★ 坊間傳統市場也有賣這種酒釀餅，但有些太過鬆軟、沒有香氣，不夠道地；有心的讀者建議你去北市重慶南路一段郵局前，一家擺了30幾年的老攤子，可以品嘗到古早碳烤製作的道地美味酒釀餅。

# 鹹（甜）光餅

（成品：9個）

（成本：每個約2.5元）

## 材料：

中筋麵粉400g.、快速酵母6g.、水240g.、細砂糖10g.、泡打粉4g.、鹽10g.

### 上色：

糖水（比例為糖1：水9）、生芝麻適量

## 做法》

1　所有材料拌勻，揉至光滑，放入發酵桶發酵20～30分鐘。

2　分割為每個重60g.小麵糰，以雙手搓圓（圖1）。

3　輕輕壓成1cm厚，刷上糖水（圖2）、沾上芝麻，以食指於中間戳1個洞（圖3），醒20分鐘，送入預熱至220℃烤箱，烤15～20分鐘。

4　製作甜光餅，材料可多加一些糖，表面刷糖水，戳洞但不沾芝麻，與鹹光餅區隔。

## 製餅秘笈

★　相傳明朝大將軍戚繼光征倭寇時必備此乾糧，行軍時，在餅中間戳個小洞以繩子串起來，掛在頸子上，後人為了紀念戚繼光而取名為「光餅」。

★　光餅是福州人最喜愛吃的餅類之一，頗有嚼勁，口感及長相都和美國猶太人愛吃的貝果類似。亦可將圓餅由中間橫剖開來，包夾熟餡料食用。

# 刈包 （成品：約8個）
（成本：每個約11元）

**材料：**

A. 中筋麵粉350g.、低筋麵粉150g.、快速酵母8g.、泡打粉5g.、細砂糖30g.、奶粉10g.、冷水 260g.

B. 奶油15g.

**餡料：**

五花肉（瘦夾心肉）400g.、酸菜200g.、香菜50g.

**調味料：**

1. 醃肉：深色醬油3大匙、酒1大匙、糖1大匙
2. 酸菜：淡色醬油1/2大匙、糖1大匙
3. 花生粉：花生粉70g.、細砂糖30g.

## 做法》

1 材料A全部攪拌成糰，加入奶油揉至光滑，放置一旁蓋濕布醒20分鐘（圖1）。

2 分割為每個重100g.的麵糰，以雙手搓圓醒10分鐘，擀成0.8cm厚的橢圓形狀（圖2）。

3 刷上一層薄薄的沙拉油（圖3），對折成半圓狀（兩片麵皮不要對齊，留0.5cm的邊）（圖4），放入蒸籠醒12～15分鐘，再以中小火蒸10分鐘（比較短的麵皮朝下）。

**餡料：**

1 五花肉切約2cm厚片，放入醬油、酒和糖醃漬1小時。

2 熱油鍋加入1大匙沙拉油，油熱後加入肉塊炒至肥油釋出，倒入清水（與肉面同高即可），以小火燒40分鐘至豬皮軟化，起鍋前放入20g.冰糖，待糖融化即可盛出。

3 酸菜洗淨，擠乾水份切碎，熱油鍋加入1大匙沙拉油，倒入酸菜以大火炒5分鐘，加入醬油、糖續炒5分鐘盛出。

4 花生粉與糖拌勻備用。

## 製餅秘笈

★ 刈包又稱虎咬豬，因其側面看似老虎的嘴巴中間含著一塊肉，故整型時兩片麵皮不要對齊，上唇要比下唇長。

★ 刈包有如西式漢堡，包入任何餡料均可，是我們台灣年底尾牙一定要吃的傳統美食。

# 叉燒包

（成品：約12個）
（成本：每個約8元）

麵皮：

A.低筋麵粉280g.、澄粉120g.、快速酵母8g.、水160g.

B.奶油10g.、細砂糖120g.

C.阿摩尼亞1g.、水10g.

D.泡打粉8g.

餡料：

E.叉燒肉丁150g.、蠔油1大匙

F.水2/3碗、玉米粉1小匙、太白粉1小匙、糖1大匙、沙拉油1大匙

## 做法》

1 阿摩尼亞先溶解於水中，A材料全部混合揉成糰，加入B、C揉至光滑，放入發酵桶發酵30～
  40分鐘。再加入泡打粉充分揉勻，放置一旁蓋上濕布醒15～20分鐘。

2 餡料部份E材料混合煮沸，加入叉燒肉丁和蠔油拌勻，冷卻後放入冰箱冷藏待用。。

3 麵糰分割為每個重50g.的小麵糰，擀成直徑約8cm的圓麵皮（圖1），包入35g.餡料（圖2），
  直接捏緊麵糰收口。

4 包子收口處朝上，底部墊油紙，放入蒸籠再醒5分鐘，以大火蒸8～10分鐘。

# 奶黃包

（成品：約10～12個）
（成本：每個約3元）

麵皮：

中筋麵粉120g.、低筋麵粉120g、澄粉60g.、快速酵母6g.、泡打粉
3g.、細砂糖45g.、奶粉6g.、油脂20g.、水120g.

餡料：

鮮奶70g.、全蛋70g.、細砂糖90g.、低筋麵粉35g.、奶油35g.

## 做法》

1 麵皮材料混合揉至光滑，放入發酵桶內發酵40分鐘。

2 取出麵糰再揉2～3分鐘，放置一旁蓋上濕布醒15分鐘（圖1）。

3 餡料所有材料混合均勻，以大火蒸熟，待冷卻使用。

4 麵糰分割為每個重40g.小麵糰，擀成6cm厚的圓皮，包入20g.餡料，收口捏緊成圓球形（圖2），
  收口處朝下，底部墊油紙，放入蒸籠，以中小火蒸8～9分鐘。

製餅秘笈

★ 叉燒、奶黃包是港式包子的代表，飲茶時客人幾乎都會點食，它的皮鬆軟綿帶甜，是廣東人喜愛的口感，
  奶黃包內餡有奶香及黃橙橙的蛋色，叉燒包餡料全是叉燒肉，故其名稱係以包子內餡為命名。

# 彩色饅頭

（成品：約10個）
（成本：每個約2元）

**材料：**

A.

（蔬菜饅頭）中筋麵粉500g.、快速酵母8g.、水260g.、細砂糖50g.、奶粉10g.、綠色蔬菜粉20g.

（綠茶饅頭）中筋麵粉500g.、快速酵母8g.、水260g.、細砂糖50g.、奶粉10g.、抹茶粉20g.

（紅糖饅頭）中筋麵粉500g.、快速酵母8g.、水260g.、細砂糖40g.、奶粉10g.、紅糖60g.

（白饅頭）中筋麵粉500g.、快速酵母8g.、水260g.、細砂糖40g.、奶粉10g.

B.奶油10g.

## 做法》（示範蔬菜饅頭）

1 A項材料全部混合拌成糰，加入奶油揉至光滑，放入發酵桶內發酵20分鐘取出。

2 以擀麵棍擀成0.5cm厚、10～12cm寬的長方形狀（圖1），將麵皮上的乾粉刷掉、再刷上一層水（圖2）。

3 捲起成長柱（圖3），用切麵刀切開成約4～5cm（圖4），放入蒸籠內醒15～20分鐘，以中火蒸12分鐘出爐。

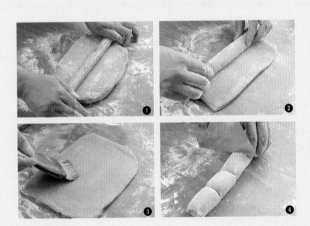

## 製餅秘笈

★ 饅頭的製作很簡單，其材料如為麵粉、酵母、水三種即為原味白饅頭，加入糖是增加其甜味與柔軟，奶粉係加強其營養與香氣，奶油是滋潤麵糰使其較為鬆軟與增添表皮光澤。

★ 要製作各色饅頭可加入蔬菜汁或乾燥蔬菜粉、抹茶、巧克力粉、紅糖，而將兩片不同顏色的麵皮層疊在一起捲起即為雙色饅頭，三種顏色捲起即是三色饅頭。

★ 建議製作饅頭使用快速酵母，因快速酵母製作出的產品組織細緻結實，嚼勁亦不錯，超市、便利超商所販賣的機器饅頭有些較白、鬆綿，係因專業生產所需，而另添加一些麵糰改良劑。

# 營養饅頭
## （全麥、雜糧、胚芽）
（成品：每種約10個）

**材料：**

**全麥饅頭：** （成本：每個約2元）
A. 中筋麵粉400g.、快速酵母10g.、水260g.
B. 全麥麵粉100g.、細砂糖40g.、奶粉10g.
C. 奶油20g.

**雜糧饅頭：** （成本：每個約3元）
A. 中筋麵粉400g.、雜糧粉100g.、快速酵母10g.、水250g.
B. 松子、枸杞、葡萄乾各50g.、黑芝麻10g.、紅糖50g.
C. 奶油20g.

**胚芽饅頭：** （成本：每個約2元）
A. 中筋麵粉500g.、快速酵母10g.、水260g.
B. 胚芽50g.、細砂糖40g.、奶粉10g.
C. 奶油20g.

## 製餅秘笈

★ 營養饅頭可依各人的喜愛，隨意添加各類雜糧如蕎麥粉、薏仁粉、燕麥粉、高梁粉，或黃豆粉等。加入的份量不要超過麵粉的20%，因為以上各種雜糧粉均會降低麵粉的筋性影響嚼感，麵食的咬勁與麵粉內含的筋度高低、水份添加的多寡有關，如不喜歡口感太強韌，可摻換一些低筋麵粉，也可加入少許泡打粉就較為鬆軟綿了。

## 做法》

**全麥饅頭：**
1 A項材料拌成糰揉至光滑，蓋濕布醒20分鐘，加入B項材料拌成糰，加奶油繼續揉至光滑，蓋濕布醒20分鐘。
2 用麵棍擀成0.5cm厚、10～12cm寬麵皮，捲成長柱狀，切塊，放入蒸籠內醒15～20分鐘，以中火蒸12分鐘出爐。

**雜糧饅頭：**
1 枸杞、葡萄乾以溫水泡軟，濾乾水份備用。
2 做法同全麥饅頭。

**胚芽饅頭：** 做法同全麥饅頭。

# 花式饅頭
## （地瓜、芋頭、山藥）

（成品：每種約8～10個）

（成本：每個約3元）

**材料：**

A.中筋麵粉400g.、快速酵
母8g.、水190g.

B.芋頭（或地瓜、山藥）
80g.、細砂糖30g.、奶粉
10g.

C.奶油20g.

## 做法》

1 芋頭（或地瓜、山藥）去皮蒸熟切丁或壓碎備用。

2 A項材料拌成糰揉至光滑，蓋濕布醒20分鐘，加入B項材料
拌成糰，加奶油繼續揉至光滑，蓋濕布醒20分鐘。

3 用麵棍擀成0.5cm厚、10～12cm寬麵皮，捲成長柱狀，切
塊，放入蒸籠內醒15～20分鐘，以中火蒸12分鐘出爐。

## 製餅秘笈

★ 根莖類蔬菜如南瓜、地瓜、馬鈴薯、山藥、
牛蒡等均可以做成花式饅頭，先蒸熟壓碎成
泥，混入麵糰內揉至均勻（如太濕黏可加乾
麵粉）；也可切成丁狀或絲狀放入麵糰層
內，做成如夾心餡般，又是一種變化了。

# 異國風味及點心

# 貝果

（成品：約7個）
（成本：每個約2元）

**材料：**

高筋麵粉400g.、新鮮酵母8g.、水200g.、鹽4g.、細砂糖10g.、奶粉10g.、奶油10g.

## 做法》

1 A項材料全部混合成糰，揉至光滑不黏手（如果很吃力可用摔打），放入發酵桶發酵50分鐘。

2 分割為每個重90g.麵糰，搓成圓形（圖1），醒15分鐘，擀成長12～15cm麵皮（圖2），由上而下捲起，每一次捲折都以雙手壓緊麵糰（圖3），捲成一粗條狀麵糰，將麵糰稍微拉長，再將頭尾兩端相黏（中間會留一小洞）（圖4），醒20分鐘。

3 鍋內水煮滾，加入10g.糖，糖溶解後放入麵糰（圖5），兩面各煮1分鐘，撈出放烤盤上晾乾（約5分鐘），放入預熱至190～200℃烤箱烤15～20分鐘。

### 製餅秘笈

★ 貝果（Bagel）是猶太民族的主食，據說17世紀強大的土耳其要入侵奧地利，在一次戰役中波蘭王解救了奧地利。為了感謝偉大的騎士波蘭王的搭救，一位奧地利麵包師傅特地製做出馬鐙形狀的大餅呈獻給他，而奧地利文的馬鐙就是「Bagel」。

★ Bagel咬感強勁，外皮厚脆，越嚼越夠味，因熱量低而成為時下追求健康風潮的主流食品。

★ 有些速食店將貝果製作得較為柔軟，也相當受歡迎；糖、奶粉、油脂、酵母等材料的用量是決定其咬感，可視個人喜好增減。烤前入沸水煮，是製作貝果的一大特色，目的在於抑制其於烤爐內的膨脹力，成品若膨鬆，咬勁就不過癮。

# 披薩 （成品：9吋×2個）
（成本：每個約85元）

**材料：**
**麵皮：**
高筋麵粉300g.、低筋麵粉100g.、新鮮酵母10g.、水210g.、鹽8g.、糖15g.、沙拉油20g.

**餡料：**
西式香腸250g.、罐頭鳳梨片1罐、乳酪絲300g.、蕃茄醬50g.、蕃茄糊100g.（混合）

## 做法》

1 麵皮的所有材料混合均勻，揉至光滑不黏手。

2 放入發酵桶內內發酵90分鐘，取出分2份，用手搓圓蓋上濕布醒20分鐘，擀成0.5cm厚圓麵皮（圖1），放入抹沙拉油之烤盤內，用叉子在麵皮上刺洞（圖2），再蓋上濕布醒30～40分鐘。

3 蕃茄醬與蕃茄糊混合，刷在麵皮上（圖3），排入香腸、鳳梨片，撒上乳酪絲（圖4），送入預熱至210～220℃烤箱，烤25分鐘。

製餅秘笈

★ 比薩餅在世界各地都很風行，有厚、薄皮兩種，厚的餅皮內鬆軟外酥脆，薄比薩皮薄餡多，兩者都好吃；外國人吃發麵類的麵食，大都以烤、炸、煎來熟成，比薩就是代表之一；而類似蒸食的包子、饅頭，他們就比較不感興趣了。

# 口袋麵包

（成品：約7個）

（成本：每個約1.5元）

**材料：**

高筋麵粉400g.、水240g.、
鹽6g.、新鮮酵母3g.

## 做法 》

**1** 全部材料攪拌揉至光滑不黏手，放入發酵桶內發酵1小時。

**2** 分割為每個重90g.，滾圓，蓋上濕布醒15分鐘（圖1）。

**3** 擀成0.5cm厚橢圓形狀（圖2），再醒25分鐘（圖3為醒完的狀態）。

**4** 放入預熱至250℃烤箱，烤6～8分鐘。吃食可包入各種食材。

### 製餅秘笈

★ 口袋麵包（Pitta）是中東地區最古老的麵包，也稱為阿拉伯麵包，沒有油脂，屬健康麵包之一。由於不含油脂，所以嚼勁十足，歐美與中東人都喜歡這種口感，而日本及東南亞人、以及國人則比較接受柔軟口感，製作時可多加一些水份讓餅皮軟些，有些師傅亦加入油脂滋潤。

★ 口袋麵包出爐時中間鼓脹、完全中空，要等冷了才切開塞入各式的餡料來吃，就像是口袋裝滿東西般而得名；目前許多速食咖啡店都有販售。

# 墨西哥薄餅

（成品：約10個）

（成本：每個約1元）

**材料：**

A. 中筋麵粉300g.、低筋麵
粉150g.、玉米粉50g.、
泡打粉8g.、奶粉10g.、
溫水（45℃）325g.

B. 奶油10g.

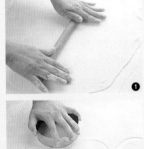

## 做法》

1 A項材料內中的粉類過篩，加入溫水攪拌成糰，放入奶油揉至
光滑，蓋上濕布醒20分鐘。

2 將麵糰擀成0.2～0.3cm厚的薄皮（圖1），用模型壓成圓片狀
（圖2）（或用杯子的杯緣壓）。

3 放入平底鍋（不需油脂），以中火將兩面烙熟（見第一面稍有
鼓起即可翻面烙第二面）（圖3）。

4 餅皮可包食熟餡、蔬菜、沙拉醬等。

### 製餅秘笈

★ 墨西哥捲餅（Tortilla）一字來自西班牙文torta，即圓形的餅。類似我國的荷葉餅，
其種類繁多，有玉米、雜糧等不同口味，亦有炸的、烤的，脆硬口感的脆片
（Tortilla chip）可沾莎莎醬（Salsa）當零食或前菜吃。目前台灣的漢堡店亦將其包
入中式的菜餚銷售，頗得消費者喜愛。

# 印度Q餅 （成品：約7個）
（成本：每個約13元）

**材料：**

A.高筋麵粉200g.、中筋麵粉200g.、冷水260g.、泡打粉4g.、鹽8g.、糖10g.
B.油脂50g.

**餡料：**

絞肉250g.、洋蔥丁1/2個、洋菇丁10朵、芹菜末50g.、蕃茄醬4大匙、鹽1/2大匙、胡椒粉2小匙
C.玉米粉水：玉米粉10g.與1/2碗水混合

## 做法》

1 A項材料混合均勻揉成糰，且不黏手，放置一旁蓋濕布（或保鮮膜）醒1小時，加入油脂揉至均勻光滑，蓋上濕布再醒1小時。

2 餡料部份：起油鍋加2大匙油爆香洋蔥，放入入絞肉炒至肉出油，加入蕃茄醬和鹽、洋菇和芹菜及1/2碗清水，以中火燜煮10分鐘，放入玉米粉水勾芡，盛出冷卻備用。

3 麵糰分割為100g.，攤開成0.3cm薄麵皮（圖1、2），舀入餡料、攤平（圖3），將麵皮由四邊向中間折疊成長方形（圖4），收口處朝下，放入平底鍋內，以薄油烙至兩面金黃色，趁熱食用。

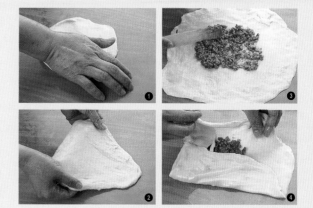

製餅秘笈

★ 印度Q餅因其餅皮使用了筋性較高的麵粉與冷水製成，嚼感強韌，所以就有QQ的感覺；冷卻了比較咬不動，在印度屬於很平民化的麵食。

★ 油脂係指固體油，如奶油、瑪琪琳、白油、酥油等皆可。

# 俄國包子

（成品：約18～20個）
（成本：每個約10元）

**材料：**
A.高筋麵粉420g.、低筋麵粉180g.、速溶乾酵母10g.、奶粉15g.、細砂糖20g.、泡打粉6g.、水330g.
B.奶油20g.

**餡料：**
牛絞肉末500g.、洋蔥末100g.、吐司麵包1片

**調味料：**
鹽1/2大匙、番茄醬2大匙、橄欖油1大匙、黑胡椒粉2小匙、肉桂粉1小匙

## 做法》

1 A項材料全部拌成糰，加入奶油揉至光滑不黏手，放入發酵桶內發酵40分鐘。

2 吐司撕碎，與牛肉末、洋蔥末及所有調味料，順同一方向拌成糰，冷藏備用。

3 麵糰分割為每個重50g.，擀成直徑約7cm圓麵皮，包入35g.餡料，直接收口為圓球形（圖1），放入烤盤內刷上一層蛋汁（圖2），醒20分鐘入烤箱。

4 爐溫170～180℃，時間15～20分鐘。

### 製餅秘笈

★ 俄國包子亦可用炸的，比較油膩，外國人吃的發麵麵食都是用烤或炸，只有中國人用我們特殊的蒸籠蒸食。

# 菲律賓麵包

（成品：約6～8個）

（成本：每個約3元）

**材料：**

A. 高筋麵粉250g.、低筋麵粉250g.、新鮮酵母20g.、全蛋60g.、細砂糖120g.、鹽5g.、奶粉30g.、水180g.

B. 奶油40g.

C. 奶水：適量（比例為奶粉1：水9）

## 做法》

**1** A項材料全部攪拌均勻，加入奶油揉至光滑，蓋上濕布醒15～20分鐘，以擀麵棍壓至0.8cm厚、15cm寬的長方形麵皮。

**2** 捲成長柱狀（圖1），約5～6cm切1小段（圖2），再在每小段的中間淺淺切1小道刀痕造型（圖3），刷上奶水，放置醒20～25分鐘。

**3** 放入預熱至180℃烤箱，烤25～30分鐘即成。

### 製餅秘笈

★ 菲律賓麵也有枕頭形、牛角形等各種形狀，在台灣的麵包店歷久不衰，它的組織細綿，外皮酥酥微硬，奶味頗濃，故又稱牛奶麵包。

# 比司吉

（成品：約12～15個）
（成本：每個約2.5元）

**材料：**

高筋麵粉150g.、低筋麵粉350g.、泡打粉20g.、奶粉20g.、奶油80g.、細砂糖30g.、鹽10g.、全蛋1個（60g.）、水220g.

## 做法》

**1** 奶油、糖和蛋拌勻，加入過篩後的所有粉類及水，輕輕以切麵刀拌成糰（不能揉）（圖1）。

**2** 輕輕擀成1cm厚的麵皮（圖2），再刷上一層奶油、撒上一層薄薄高筋麵粉，折成三層，放置一旁蓋上濕布醒10分鐘。

**3** 將麵皮擀成2cm厚，以直徑約3～4cm的圓型壓模（圖3）壓成一個個圓餅放入烤盤內，表面刷上一層蛋液（圖4），醒5分鐘，放入180℃烤箱中烤約20分鐘。

製餅秘笈

★ 比司吉就是司康餅（scone），口感鬆軟又有少許嚼勁，可加些雜糧粉製作各種口味，沾食奶油、蜂蜜、果醬等食用，早餐、點心均適宜。

# 芝麻球

（成品：約18～20個）
（成本：每個約3元）

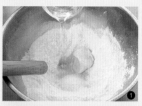

**麵皮：**
糯米粉270g.、澄粉30g.、泡打粉6g.、細砂糖150g.、沸水180g.

**餡料：**
紅豆沙餡400g.

**裝飾：**
生芝麻200g.

## 做法》

1 麵皮材料中的粉類及糖過篩，倒入沸水，用擀麵棍拌成糰（圖1），醒10分鐘，將麵糰搓長，分割為每個重35g.。

2 包入20g.紅豆餡，輕輕搓圓（圖2）。表面沾一層薄薄的水後沾一層芝麻，再輕輕搓圓一次。

3 放入180℃熱油鍋內，以中小火炸至金黃色。

### 製餅秘笈

★ 芝麻球做的好吃的訣竅有2：
  1. 沸水的加入要一次足夠，事後是無法補救。
  2. 在油炸時，當芝麻球炸至膨脹稍為著色時，要用鍋鏟輕壓一下，目的可使其膨脹大一點，麵皮不致太厚不易炸熟。


# 開口笑

（成品：約12～15個）
（成本：每個約1.5元）

**材料：**
低筋麵粉300g.、泡打粉9g.、細砂糖150g.、奶油30g.、鹽3g.、全蛋2個
（約120g.）

**裝飾：**
生白芝麻150g.

## 做法》

1 低筋麵粉、泡打粉過篩。

2 細砂糖、奶油、鹽混合均勻，加入全蛋拌勻。

3 將麵粉加入，輕輕拌成糰（不能揉），分割為每個重30～40g.（圖1），搓圓沾上白芝麻（圖2），入油鍋前再輕輕搓圓一次，放入熱至180℃油鍋，以中小火炸約8～10分鐘，至金黃色取出。

### 製餅秘笈

★ 開口笑因含有泡打粉，故炸熟時會有裂口，有如張口笑般而得名。在過去生活不富裕的時代，媽媽們最喜歡做這個點心給孩子們吃。
★ 要避免炸時芝麻脫落，可在麵球表面灑上一層水，有點濕黏再滾上芝麻。
★ 要測試油溫，可將木筷放入油鍋中，如有小泡泡產生即可將芝麻球貼著鍋邊慢慢滑進鍋內炸，以免被熱油燙傷。

# 雙胞胎

（成品：約8～10個）
（成本：每個約3元）

**材料：**
中筋麵粉500g.、細砂糖
150g.、水200g.、老麵種
250g.、燒明礬7.5g.、阿摩
尼亞10g.、小蘇打粉7.5g.

**糖餡：**
低筋麵粉100g.、糖粉
100g.、水50g.

## 製餅秘笈

★ 麵糰投入油鍋前，用手捏緊兩
層麵皮其中一角，以防兩片麵
糰分離。

★ 雙胞胎叫兩相好，屬於福建的
油炸點心，因兩片麵皮連在一
起炸，既不分離形狀又相同而
得名。

★ 明礬和阿摩尼亞會使產品膨脹
呈中空狀，阿摩尼亞在高溫下
即揮發掉，故品嘗時無異味。

## 做法》

1 老麵種的製作見P.19。

2 燒明礬、阿摩尼亞和小蘇打粉先溶解於水中，加入麵粉、糖和老麵
  種拌成糰，揉至光滑，放入發酵桶內發酵40分鐘。糖餡材料輕輕拌
  勻備用。

3 發酵好的麵糰擀成0.8cm厚，平均切成兩塊（圖1）。

4 兩塊麵糰相疊，中間夾入糖餡（圖2），切成每邊長5cm的菱形狀（圖
  3），醒20分鐘。

5 放入熱至180℃油鍋，以中小火炸至膨脹、且呈金黃色，需不時翻面
  調色，以免焦黑。

# 桃酥

（成品：約10～12個）

（成本：每個約4.5元）

**材料：**

A.低筋麵粉300g.、泡打粉
　2g.

B.豬油150g.、綿白糖
　60g.、細砂糖90g.、鹽
　1.5g.、全蛋30g.

C.阿摩尼亞2g.、蘇打粉
　3g.、水10g.

D.碎核桃45g.

## 做法》

1 低筋麵粉、泡打粉過篩，倒入不鏽鋼盆內築一粉牆。放入豬油、
　綿白糖和細砂糖於中間（圖1），拌勻，加入鹽和蛋再拌勻。

2 加入溶於水的阿摩尼亞與蘇打粉，輕輕拌勻成糰。

3 加入碎核桃（圖2）拌勻，分割每個重50g.，輕輕搓成球狀，用
　食指於中央搓個洞（圖3），表面刷一層薄薄蛋黃汁，放入預熱至
　180℃烤箱烤15～20分鐘。

### 製餅秘笈

★ 阿摩尼亞、蘇打粉在本產
　品內扮演酥鬆的口感，綿
　白糖超市都有販賣，製作
　的過程都要輕輕拌，否則
　麵糰出筋了，就不酥鬆。

# 宜蘭蔥肉餡餅

（成品：約14～15個）

（成本：每個約10～12元）

## 材料：

**麵皮：**
中筋麵粉425g.、低筋麵粉75g.、泡打粉5g.、細砂糖10g.、熱水（70℃）325g.、白油25g.

**餡料：**
中筋麵粉425g.、低筋麵粉75g.、泡打粉5g.、細砂糖10g.、熱水（70℃）325g.、白油25g.

## 做法》

1 中、低麵粉、泡打粉、糖過篩備用。

2 絞肉加入調味料、清水拌勻，再加入青蔥輕輕拌勻。

3 過篩好的粉類以熱水攪拌均勻，加入白油揉至成光滑麵糰，蓋上濕布醒15～20分鐘。

4 醒好的麵糰分割成每個重60g.的小麵糰，擀成直徑10cm的圓皮狀，包入肉餡60g.收口（圖1），再放置一旁醒10～15分鐘，以手掌輕輕壓扁成直徑12cm大的圓形狀。

5 平底鍋入油（油層2cm厚），待油熱後，放入肉餅以中火炸至兩面呈金黃色夾出（圖2）。

6 食用時可沾辣椒醬。

製餅秘笈

★青蔥洗淨要徹底瀝乾再切碎，要包餡時再將青蔥與肉拌在一起。肉餡經過冰箱冷藏後的肉餡呈糰狀比較好包。

★宜蘭縣三星鄉盛產台灣最好吃的蔥，故市面上打宜蘭的招牌開發了不少蔥餅，有宜蘭蔥油餅、宜蘭蔥仔餅、宜蘭蔥餅等，近期又開發了本產品「宜蘭蔥肉餡餅」，做法都很類似。

# 炸蛋蔥油餅

（成品：約10～11個）
（成本：每個約7～8元）

**材料：**
**麵皮：**
中筋麵粉400g.、低筋麵粉100g.、即溶酵母2g.、細砂糖15g.、熱水（70℃）325g.、豬油50g.

**配料：**
雞蛋數顆、青蔥適量

## 做法》

1 中、低麵粉、酵母、砂糖倒入不鏽鋼盆內混合均勻，加入入熱水以筷子或木匙攪拌成糰，取出麵糰置於撒粉的工作抬上，加入豬油以手揉至光滑，放置一旁蓋上濕布醒15～20分鐘。

2 醒好的麵糰，分割成每個80g.的小麵糰，再擀成0.3cm厚的圓皮狀。

3 青蔥洗淨瀝乾切碎。

4 平底鍋倒入沙拉油（油層3cm厚），油熱後放入餅皮煎炸1分鐘（圖1），另打入一顆雞蛋，煎炸1分鐘撒上蔥末在蛋的表面（圖2），將餅皮夾起蓋在荷包蛋上，煎炸至蛋熟，且餅皮呈金黃色即可夾出瀝油。

5 沾食辣椒醬及蒜泥醬油膏。

製餅秘笈 ★炸蛋蔥油餅即是將蛋打入油鍋炸而命名，趁熱吃口感酥脆但相當油膩，偶爾為之就好。

# 奶油酥餅

（成品：36～37個）

（成本：每個約12～14元）

**材料：**

**油皮部份：**

高筋麵粉200g.、低筋麵粉300g.、泡打粉5g.、50℃溫水175c.c.、沙拉油75g.、奶油125g.、糖粉40g.

**油酥部份：**

低筋麵粉435g.、奶粉75g.、沙拉油75g.、奶油125g.

**糖餡部份：**

糖粉500g.、麥芽糖250g.、白醋50g.、奶油100g.、糯米粉（蒸熟）50g.

## 做法》

1 油皮部份的高、低筋麵粉、泡打粉過篩，加入溫水拌成糰，再入沙拉油、奶油、糖粉攪拌均勻，揉至光滑，蓋上濕紗布鬆弛30～40分鐘後，分割成每個重25g.。

2 油酥皮材料中，將低筋麵粉、奶粉過篩，加入沙拉油、奶油輕輕拌成糰，分割每個重20g.。

3 麥芽糖、白醋攪拌至揉軟狀態，加入糖粉、糯米粉拌勻，續加入奶油拌成糰，分割每個重25g.。

4 油皮麵糰包入油酥，連續擀摺兩次後捲成筒柱狀蓋上濕布醒25～30分鐘，將麵糰擀成直徑7～8cm圓皮狀。（油酥油皮的詳細製作過程請參照P.15）

5 包入糖餡，捏緊後收口朝下放置，醒25～30分鐘，再以擀麵棍輕輕擀成直徑10cm的圓形狀，放入烤盤內（烤盤抹上一層薄沙拉油），入烤爐　前用小刀在表皮上打2個洞（圖1），放入烤箱上層200℃，下層210℃烤25～30分鐘（圖2）。

製餅秘笈

★餅入爐烤會膨脹會迫壞了表面的平滑，故以小刀在表皮上打兩個洞使其透氣，如此表層就不會破裂。

# 爆漿饅頭

（成品：11～12個）

（成本：每個約6～7元）

**材料：**
中筋麵粉480g.、低筋麵粉120g.、快速酵母9g.、細砂糖18g.、泡打粉6g.、水330g.、白油18g.

**糖餡：**
紅糖80g.、糖粉120g.、奶油100g.

## 做法》

1 紅糖、糖粉、奶油混合均勻，放入冰箱冷藏至糖餡呈硬塊狀備用。（圖1）

2 中、低筋麵粉、水、快速酵母、糖、泡打粉混合均勻攪拌成糰，再加入白油揉至光滑，放入發酵桶發酵15～20分。

3 發酵完成的麵糰分割成每個80g.的小麵糰，再擀成厚0.7～0.8cm厚圓形麵皮，包入糖餡（圖2），捏緊後收口朝下放置於防沾紙上，入蒸籠內發酵10～12分鐘，後以中小火蒸11～12分鐘。（圖3）

### 製餅秘笈

★當饅頭蒸熟取出，如馬上剝開一半瞬間糖餡流出，有如火山爆發岩漿噴出般，一時之感覺而命之為「爆漿饅頭」。

COOK50111

# 來塊餅
## 【加餅不加價】
## 發 麵 、 燙 麵 、 異 國 點 心

作者■趙柏淯

攝影■廖家威・張志銘

文字編輯■李橘・劉曉甄

美術編輯■鄧宜琨・鄭寧寧

行銷企劃■洪仔青

總編輯■莫少閒

出版者■朱雀文化事業有限公司

地址■台北市基隆路二段13-1號3樓

電話■(02)2345-3868

傳真■(02)2345-3828

劃撥帳號■19234566 朱雀文化事業有限公司

e-mail■redbook@ms26.hinet.net

網址■http://redbook.com.tw

部落格■http://helloredbook.blogspot.com/

總經銷■成陽出版股份有限公司

ISBN■978-986-6780-844

初版一刷■2011.01

■

定價■300元

出版登記■北市業字第1403號

全書圖文未經同意不得轉載

本書如有缺頁、破損、裝訂錯誤，請寄回本公司更換

國家圖書館出版品預行編目資料

來塊餅【加餅不加價】
—發麵、燙麵、異國點心
趙柏淯 著.—初版—台北市：
朱雀文化，2011〔民100〕
面； 公分，--（Cook50；111）
ISBN 978-986-6780-844 （平裝）
1.麵 2.食譜—中國
427.38

## About買書：

●朱雀文化圖書在北中南各書店及誠品、金石堂、何嘉仁等連鎖書店均有販售，如欲買本公司圖書，建議你直接詢問書店店員，如果書店已售完，請撥本公司經銷商北中南區服務專線洽詢。北區（03）271-7085 中區（04）2291-4115 南區（07）349-7445

●●至朱雀文化網站購書（http://redbook.com.tw）可享85折優惠。

●●●至郵局劃撥（戶名：朱雀文化事業有限公司，帳號：19234566），
掛號寄書不加郵資，4本以下無折扣，5～9本95折，10本以上9折優惠。

●●●●周一至周五上班時間，親自至朱雀文化買書可享9折優惠。